NHK 趣味の园艺

玫瑰月季
栽培
12月计划

（日）小山内健 著

陆蓓雯 译

长江出版传媒　湖北科学技术出版社

代序

翻译手记

《绿手指玫瑰大师系列》丛书

从 2010 年绿手指首次引进了日本武藏出版社的《玫瑰花园》一书起，不知不觉中已经过去 6 年时间。在这 6 年中，国内的园艺界发生了翻天覆地的变化，家庭园艺进一步普及，玫瑰与月季爱好者与日俱增，每年冬季都有大批玫瑰进口苗涌入。英国苗、法国苗、德国苗以及之后盛行的日本苗，我国的玫瑰品种已经多到不输于任何一个园艺发达国家。

曾经在《玫瑰花园》里还是那么陌生拗口的品种名，如今已经被花友津津乐道；曾经在高端品种收藏家中也一苗难求的奥斯汀玫瑰，如今身价也一降再降，出现在街头巷尾的寻常花市。

盛开的玫瑰

而我作为深爱玫瑰的一员，也在这普及大潮中随波逐流，强迫症般地买买买和种种种，新品种堆满了花园中的每个角落，等到冷静下来回首满目疮痍的花园，才发现很多花苗还没有得到呵护就因为各种原因死死死，很多品种甚至没有真正得到发挥光彩的机会就被换换换。直到家中的玫瑰品种减少到一半时，我才真正开始认真思考，在买买买之后是否该花点时间学习怎么买，在种种种之后是否该花点时间学习怎么种呢？

抱着这个目的，2014年春季我和绿手指编辑部的成员一起去日本参观了日本玫瑰园艺展，并游览了数个以玫瑰为主题的花园，之后又到书店和出版社与日本园艺界的同仁交流洽谈，经过慎重的挑选和协商，最终才决定引进这套《绿手指玫瑰大师系列》丛书。

第一辑丛书共有4本，分别是面对初级爱好者的《玫瑰月季栽培12月计划》和《人气玫瑰月季盆栽入门》，以及针对中级爱好者的《大成功！木村卓功的玫瑰月季栽培手册》和《全图解玫瑰月季爆盆技巧》。

《玫瑰月季栽培12月计划》是由NHK的老牌园艺杂志《趣味园艺》出版，作者小山内健来自关西地区著名的京阪玫瑰园，长期在NHK的电视教学节目中教授玫瑰的栽培和修剪课程。全书以课程形式分季节和月份展开，还附带一目了然的玫瑰栽培月历。本书的特点是通过大量简明易懂的手绘图来说明。例如，在其他的入门书中可能会常常见到"在花后轻度修剪"这类表述，那么所谓"轻度"到底轻到什么程度？如果剪重了又会怎样？或者"买回小苗后要摘取花蕾"，那为什么又要摘掉这珍贵的花蕾呢？像这样的问题，在书中都可以找到满意的答案。

《人气玫瑰月季盆栽入门》的作者木村卓功是日本新晋的玫瑰育种家。可能很多园艺爱好者已经栽种过他培育的品种：'雪拉莎德'（又名'天方夜谭'）、'蓝色天空'和'守护家园'（又名'宜家'）。木村先生不仅是一位出色的育种家，还拥有日本最大的专业园艺网店"玫瑰之家"。作为一名出色的玫瑰育种者和经营者，他最有希望成为日本的奥斯汀。木村卓功在书中提出了他独有的分类方法：按照玫瑰的栽培难易程度分成4类，有针对性地进行不同的管理。例如，针对第一类的"女汉子"类型，就完全颠覆了大肥大水的传统栽培观念，这个类型的玫瑰既不能够大肥大水、也不需要打药，采用近似有机栽培的方法反而是开出繁花的捷径。这种从栽培者角度出发的分类方法彻底改变了过去园艺界学究气的分类方法。读完此书后，会让人立刻有一种醍醐灌顶的感觉，难以想像只是改变一下思考的角度，竟能使栽培中遇到的很多问题迎刃而解。

两本中级读物中的《全图解玫瑰月季爆盆技巧》作者铃木满男是日本京成玫瑰园的首席专家，大多数玫瑰爱好者都应该听说过京成玫瑰园的大名。这本书类似我们传统的栽培技术书，中规中矩地阐述了栽培中的各种要领和关键技巧。尤其可贵的是本书附有无微不至的详尽说明和大量的实际操作图片。例如，修剪玫瑰的过程，会拍到枝条的每一个细节，甚至细致到园艺剪刀的朝向，让读者如临现场般亲睹大师的操作要领。即使是完全没有经验的新手也可以立刻依葫芦画瓢学习上手，而资深高手也会发现很多日常管理中没有注意的小细节，可谓技术派必备的工具书。

另一本《大成功！木村卓功的玫瑰月季栽培手册》依然来自木村卓功，与前一本初级版的《人气玫瑰月季盆栽入门》不同，本书涉及的范围更广，从玫瑰的历史到育种的经验之谈，从品种的选择到花园中每个场景的运用要诀，木村大师畅谈了玫瑰栽培的方方面面。书中处处可见来自实践操作的真知灼见，堪称这位玫瑰大师的集大成之作。

在翻译这 4 本书的时候，我发现日本的园艺家们提出了很多我们平时还没有关注到的问题，这些问题恰好是很多人在栽培时容易产生困惑的地方，在此我简单列举如下，以便大家在阅读时留意。

1. "欧月"既不是药罐子，也不是肥篓子

从 2009 年后，我国开始流行英国奥斯汀玫瑰以及一些欧洲和日本的新品种，很多人称之为"欧月"，反之将此前国内常见的杂交茶香月季称为"国月"。这种称呼会让人产生误解，认为它们都是"月季"，在栽培和管理上没有什么不同。

关于"国月"的栽培有一首打油诗："它是一个药罐子，也是一个肥篓子，冬天剪成小和尚，春天开成花姑娘。"但是，以奥斯汀品种为代表的"欧月"，株形更多样、开花习性也更复杂，管理手法上如果采取针对杂交茶香月季的大肥、大水、大药和一刀切式强剪，就很难发挥出它的优势。这也就是为什么奥斯汀玫瑰在国内引进极多，但种出效果的花园并不多见的原因吧。

在栽培"欧月"时请首先记住的一条就是："欧月"既不是药罐子，也不

是肥篓子，冬天剪成"小和尚"，春天可能还是一个"小和尚"。

2. 一年之计在于夏

四季分明的温带环境对玫瑰的生长是最有利的，在园艺和玫瑰大国的英国，夏季是玫瑰最好的时节。

而在我国的长江流域，夏季却代表漫长的梅雨和之后难耐的高温，不仅所有的春花在入夏后都会停止生长或变形，由黑斑病或红蜘蛛引起的落叶还会让植株衰弱，导致开不出秋花，更严重时还可能导致植株死亡。所以，对我们而言，夏季不仅毫无美好可言，简直是个危机重重的季节。

在这套系列丛书里，同样为这种气候条件烦恼的日本园艺家们提出了很多越夏的精到见解，例如针对盆栽玫瑰进行地表隔离操作防止高温伤害根系、进行适度的夏季修剪来放弃夏花保秋花等等。同时，书中也指出了很多我们在栽培时常犯的错误，例如把所有感染黑斑病的叶片都剪除，会严重伤害植物，是不可取的做法。

春季的花朵令人陶醉，冬季的修剪也让人向往，但是夏季的避暑措施，才是玫瑰管理中的重中之重。记住，最可恶的季节恰好是最重要的季节。

3. "牙签－卫生筷－铅笔"的修剪方法

很多园艺爱好者在最初接触玫瑰时，都会被复杂的修剪方法难住，结果不是拿起剪刀无从下手，就是干脆拦腰一刀，将玫瑰剪成"小光头"。

翻阅这几本书时，我发现几位大师都不约而同地介绍了一个有趣的修剪标准——按照不同的品种，针对不同粗细的枝条进行修剪，即对小花型品种的枝条剪到牙签粗细的位置、对中花型品种的枝条剪到卫生筷粗细的位置、对大花型品种的剪到铅笔粗细的位置。

记住"牙签－卫生筷－铅笔"，在冬季修剪的时候就不会再拿着剪刀就犯愁了。

4. 为什么叫玫瑰而不是月季？

在这套《绿手指玫瑰大师系列》丛书中介绍的不仅有传统的杂交茶香月季，也包括了大量的原生蔷薇和古典玫瑰。因此，需要找一个词来代表所有蔷薇属植物，也就是来翻译英语里的 ROSE，日语的 BARA，最后，我们选择了玫瑰。

作为目前这个时代人们最爱的花卉（没有之一），玫瑰不仅仅是一种园艺植物，也是一种文化植物，它除了具有本身生物学上的特性，也包含了更多丰富的文化意味。如果玫瑰无法代表对爱与美的向往，还会有几个人种玫瑰呢？

不过，月季迷和科学控可以放心，这套丛书在分类部分的记述都是很明确的，绝对不会外行到把杂交茶香月季或中国月季叫作杂交茶香玫瑰和中国玫瑰的。

每个人心中都有一座玫瑰园。付出爱，收获美，这一定就是我们为什么要种玫瑰的原因。

要知道结果，就立刻翻开书吧！

药草花园

JBP–H.Imai

'神庵'

序言

在欣赏玫瑰的同时，每个月都需要进行植株的养护哦！

我们的口号是：
不疲劳！
不枯萎！
玫瑰满满盛开！

每个人都梦想着自己栽培的玫瑰能开满花园和阳台。然而，总会有觉得种植玫瑰是件很困难的事情的时候吧？让美丽的玫瑰大量绽放的窍门是：合理地利用阳光、空气、土壤等大自然的力量，享受种植玫瑰带来的乐趣。这种愉悦的心情是最重要的。本书就是向读者传递这样的心声。在每月细心养护的同时，尽情体验种植玫瑰的喜悦吧！

和玫瑰度过满怀喜悦的12个月！

玫瑰铺天盖地般盛开的5月。在春光中闪耀的'格拉米斯城堡'（Glamis Castle）和藤本玫瑰'春霞'（Harugasumi）（左下）。

5月

JBP-T.Maki

JBP-H.Imai

6月

为了保持优美的株形，开花后要对长势旺盛的新枝条进行修剪。

梅雨过后的夏天，待地栽玫瑰的土壤完全干燥后，在植株的周围充分浇水。

7月

8月

盆栽玫瑰安全越夏的措施：将盆栽的玫瑰放入另一个花盆中降温。

9月

对于四季开花的直立型玫瑰，在9月对植株进行修剪，就能在秋季看到开放整齐的大量花朵。

直到深秋也能继续欣赏玫瑰的美丽。图片中的玫瑰为'希灵登夫人'（Lady Hillingdon）。通常在花店的门口会出售玫瑰的大苗，11月是最适合购买新品的时候。

JBP-H.Imai

JBP-H.Imai

10月

秋季玫瑰的盛宴开始。'银禧庆典'（Jubilee Celebration）的独特花色令人陶醉不已。

大苗

11月

12月

盘好藤本玫瑰的枝条，为迎接春季到来而做准备。这个月能看到红叶和蔷薇果（玫瑰的果实）。

1月

这个月把盆栽的玫瑰移栽到大一号的花盆，促进根系重新生长。

2月

为了达到理想的春季开花效果，需要对四季开花的的直立型玫瑰进行修剪。只有修剪掉枝条后才能开出美丽的花朵。

冒出来的饱满花芽

3月

从冬季到来年春季是玫瑰努力发新芽的时期。待嫩芽生长出来后要及时追肥。

JBP-M.Fukuda

不断冒出的花蕾预示着繁花盛开的5月即将到来。

4月

1本陪伴你一年四季的玫瑰栽培书

本书的正确使用方法

本书将玫瑰分为四季开花的直立型玫瑰和一季开花的藤本玫瑰。针对栽培玫瑰的初学者，介绍了每个月和年度的玫瑰栽培养护知识，并对书中的标记图示进行了说明。

🪣 = 适合盆栽		🔲 = 适合篱笆	
🔽 = 适合地栽		🏛 = 适合拱门	
		🏛 = 适合亭子	

注意

*本书的栽培方法、管理知识和工作日期是以日本南方地区的平地环境为基准。由于地域、气候的关系，玫瑰的生长周期和管理方法略有不同，需要配合当地的地域特性进行调整管理。

*不同品种的玫瑰的生长周期和管理方法也会有所不同。

*使用药剂的时候，应选择适用于玫瑰病虫害的药剂。药剂的包装上印有适用的症状说明，购买时需仔细确认。

*喷洒药剂的时候应佩戴口罩和手套并告知周围的人。喷洒时必须要留意风向。

*喷洒药剂后应及时清洗双手和脸。

这样就能成为栽培玫瑰的达人了

本月的玫瑰

从5月开始栽培的开花株，每个月的生长情况都能让人一目了然。

本月的工作

按顺序逐步介绍，即使是初学者也不会失败的栽培步骤！如果在其他页面或是每月的介绍中有详细说明的地方，可以参见标示的对应页面。

STEP 1 购入盆栽的开花株 ▶P18

STEP 2 开始赏花 ▶P18

STEP 3 花朵凋零后的回剪 ▶P18

STEP 4 移栽到喜欢的花盆里 ▶P19
定植到花园里 ▶P19

按照这个流程操作的话，初学者也可以轻松栽培玫瑰啦

本月的养护

在这里会介绍浇水、追肥和除虫等其他日常养护知识。关于病虫害的应对措施，请详见本书的附录。

本月的养护

浇水	表层土干燥的时候，应浇透水直至花盆底部流出水为止。轻挖土壤后发现土壤干燥时再浇水。
追肥	5月下旬到6月上旬，追加1次适量的化学缓释肥。（▶P26~27）
病虫害对策	留着残花的话会使病害蔓延。应观察是否有虫害发生。
其他	摘除残花/回剪（▶P18）、新苗的摘蕾/摘花、玫瑰的换盆/移栽（▶P19）、新苗的摘蕾/摘花（▶P20）、新苗的移栽（▶P21）。

Point

栽培工作的基本内容，让玫瑰开出大量美丽花朵的诀窍。

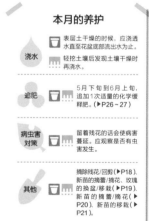

STEP UP

针对开始栽培开花株以外的新苗、成苗和长藤苗的人，这里会介绍适合中高级栽培者的技术。

NHK 趣味の园艺

初学者也能轻松种植玫瑰

玫瑰月季栽培12月计划
目录

第1章

在开始种植玫瑰之前
需要掌握的基础知识

第2章

从春天开始种植
四季开花的直立型玫瑰的方法

‘安布里奇’（Ambridge Rose）

‘黑影夫人’（The Dark Lady）

第3章

修剪藤本玫瑰的乐趣
藤本玫瑰的种植方法

Keihan Gardening

‘龙沙宝石’（Pierre de Ronsard）

Column

第1章

在开始种植玫瑰之前
需要掌握的基础知识

在开始栽培玫瑰之前，让我们一起了解玫瑰到底是什么样的植物，
如何做才能满足玫瑰的"喜好"？
只有充分了解了玫瑰的习性，才能成功栽培。

玫瑰到底是什么植物

灌木可是很
强健的哦

玫瑰并非草花，而是一种灌木

植株底部粗
壮的枝条。

看到如此令人怜爱的花朵时，许多人都认为玫瑰是一种草花，但事实上，它是一种灌木。玫瑰柔软、清新的嫩枝，会随着时间渐渐成长为坚硬的粗壮枝条。同时，植株的底部也会逐渐粗壮，多年后变为强壮的灌木。

灌木非常强健，有着极强的适应性，能够适应寒冬酷暑、干旱、强风和雨雪等气候环境。玫瑰不需要过度的养护，和其他的灌木一样，粗放的管理反而有利于玫瑰健康生长。

一起来认识下玫瑰的各个部分吧！

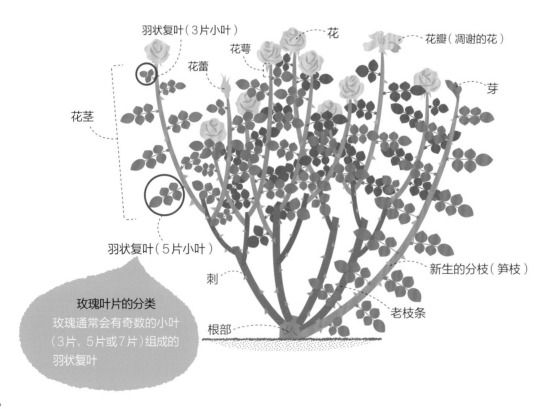

羽状复叶（3片小叶）

花

花瓣（凋谢的花）

花萼

花蕾

芽

花茎

羽状复叶（5片小叶）

新生的分枝（笋枝）

刺

老枝条

根部

玫瑰叶片的分类
玫瑰通常会有奇数的小叶（3片、5片或7片）组成的羽状复叶

玫瑰的分类

玫瑰大致可以分为两大类：
四季开花的直立型玫瑰和一季开花的藤本玫瑰

本书主要分四季开花的直立型玫瑰和一季开花的藤本玫瑰来介绍

1 四季开花的直立型玫瑰指的是 ⋯⋯⋯⋯⋯⋯⋯⋯⋯⋯⋯⋯⋯⋯⋯⋯⋯

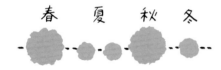

在4个季节都可以开花
（如同分期付款）
一年中任何时间都能开花。

直立生长型
株形紧凑，适合种植在小花坛或是在阳台上盆栽。

四季开花的玫瑰是从春天一直开花到初冬的类型，也就是一年四季阶段性开花的类型。直立型玫瑰的枝条不会过长，所以很适合种植在空间紧凑的小场所。四季开花的直立型玫瑰的营养多用于开花而不是用于促进枝条生长，所以一年四季都能开花。

2 一季开花的藤本玫瑰指的是 ⋯⋯⋯⋯⋯⋯⋯⋯⋯⋯⋯⋯⋯⋯⋯⋯⋯

只在1个季节开花
（如同一次性结账）
仅在春季开花，但却能集中盛开大量的花朵。

藤本型
由于枝条能旺盛生长，所以适合种植在拱门和墙角。

一季开花的玫瑰仅在春季开花，一季所开的花量与四季开花的玫瑰全年的花量相差无几。藤本玫瑰的枝条能够生长得很长，因此非常适合用于装饰篱笆、拱门等。一季开花的藤本玫瑰在春季开花后，会消耗大量营养用于枝条生长，所以可以在一年内就长得超过一人高。

开始种植玫瑰的方法

花苗的种类和购买时间

初学者购买玫瑰开花株比较好

盆栽的玫瑰开花株（1年苗）

在春秋季花市上销售的盆栽开花玫瑰，由于能直接看花挑选，所以适合初学者。购买后马上就能欣赏花朵，但价格会稍微高一点。

BP-H.Imai

想开始种植玫瑰，就先动手买回第一株花苗吧。玫瑰的花苗分为盆栽的开花株、新苗、大苗和长藤苗4种。对于种玫瑰的新手来说，强烈推荐购买盆栽的开花株，因为开花株已经生长成熟，新手也能够放心种植。此外，在欣赏花朵的同时，也会对培养下一批花朵充满期待。了解了玫瑰的"脾气"之后，再去挑战幼苗，就能轻而易举地成功了。

（ 其他种类的花苗 ）

新苗（春季）

前一年冬季扦插后，春季移栽到花盆内的小苗，相当于幼儿时期。在秋季之前要一直摘除花蕾来优先保证小苗的茁壮成长。因为培育时间短，所以价格便宜（▶P20）。

大苗（秋~冬季）

直到秋季前，一直种植在地里的新苗。从地里挖掘出来后盆栽，秋季到冬季销售，大苗的枝条会事先修剪好。在地里储蓄着能量的"成年玫瑰"会在第2年的春季蓬勃生长（▶P52~55）。

长藤苗（全年）

盆栽的长枝条藤本玫瑰，来年春季就能体验到藤本玫瑰盛开的乐趣。可以种植在只有顶部能照到阳光的场所。只要叶片能接受到光照，植株底部在阴处也可以种植（▶P100）。

玫瑰健康生长的3个条件

阳光、风、混合营养土

1 温和的阳光能使**玫瑰**茁壮成长

温和、充足的阳光能提供大量的营养，促进玫瑰发育。

不仅仅是玫瑰，所有植物的叶片在阳光的照射下都能通过光合作用制造出营养物质。这些营养物质会被植物从根部吸收，转化成生长所必需的能量。也就是说，在有阳光的地方叶片的光合作用就会活跃，玫瑰就能茁壮成长。

2 微风能使**叶片**变得坚强

好硬哦

在微风的锻炼下变得坚硬的叶片，不容易感染病虫害。

在通风良好的场所，当微风轻拂过叶片时，水分会渐渐从叶面上蒸发，这个过程加快了玫瑰对养分的吸收，叶片会变得越来越厚实，不容易受到病虫害的危害，植株也会变得更加健壮。

相反，在通风不良的环境中，植物对养分的吸收会减慢，叶片就会变得柔软。这样的玫瑰容易受到病虫害的危害。

3 排水良好的混合营养土有利于**根系**健康

初学者推荐使用开袋即用的玫瑰专用营养土

将不同颗粒大小的土壤和有机肥料充分混合搅拌后的营养土。

玫瑰非常喜欢排水性良好的土壤。浇水后不会变得过黏又能适度保持水分正是营养土的优点。排水良好的土壤比较透气，可以促进根系的茁壮生长。而且，这样的环境也有利于有益微生物的增加，从而保护玫瑰不受病虫害危害。

玫瑰花的专用术语

玫瑰花有许多不同的类型，用来描绘不同类型的花朵的术语也很丰富。了解了这些术语后，即使在看不到实物的情况下，也能够从目录中选择品种，在阅读其他有关玫瑰的书时也能立刻明白所说的内容。

花瓣的形状

波浪形
花瓣的边缘呈波浪形。

尖瓣形
花瓣的顶部呈尖锐形。

圆形
花瓣的边缘呈圆弧形。

开花形式

成簇开花
枝条的顶部同时开有数朵花朵。

独枝开花
枝条的顶部只有1朵花。

花心的形状

纽扣眼
花朵中心的花瓣向里面卷曲。

绿色眼
雄蕊和雌蕊退化后凸起呈绿色。

花瓣的瓣数

重瓣
20片花瓣以上。

半重瓣
12片花瓣左右。

单瓣
只有五六片花瓣。

花的形状

尖瓣高心形指的是花瓣尖锐且花心突出开放

高心状
开花时中心花瓣卷曲突出。

平展状
开花时花瓣整体齐平。

深杯状
杯状的花朵随着绽放会打开杯口。

包菜状
从侧面看花朵的形状呈杯状。

绒球状
莲座状成簇盛开的小花。

四分莲座状
花蕊被分为三四个部分。

莲座状
从花蕊中心开始花瓣变多。

P/Keihan Gardening, JBP–A.Takemae

第2章

从春季开始种植
四季开花的直立型玫瑰的方法

竖直的枝条上繁花盛开，
也许是每个人的脑海中描绘出的玫瑰风景。
通过正确的修剪，可以增加大量的开花枝条，实现这个美好画面。

适合新手的四季开花直立型玫瑰

对于刚种植玫瑰的人来说，从四季开花的直立型玫瑰
开始种植较为容易，也能欣赏到从春季到秋季的花朵。
这里为大家介绍新手种植也容易开出大量美花的玫瑰品种。

⬛ = 适合盆栽
⬛ = 适合地栽

大花型

**这种玫瑰有着从远处便能吸引人们目光的魅力，
是花色多且香味丰富的主角级玫瑰。**

'抹大拉的马利亚'（Mary Magdalene）
⬛⬛

花朵直径8cm，株高0.8m，强香。
杏色中带有淡粉色的花瓣犹如丝绸般，组合成美丽
的花朵。其横向紧凑的株形非常适合盆栽。

JBP-H.Imai

Keihan Gardening

'夏莉法·阿斯马'（Sharifa Asma）
⬛⬛

花朵直径8~10cm，株高1.2m，强香。
淡粉色的优雅花朵，从浅杯状逐渐开成莲
座状。花朵散发强烈的水果香气，是非常
强健的品种。

'新浪潮'（New Wave）

花朵直径8~10cm，株高0.8~1.2m，强香。
沉着的灰色配上紫丁香色，宽边波纹的花瓣组成杯状花朵，大马士革香和茶香。枝条纤细且直立性好。

Keihan Gardening

'安纳普尔娜'（Annepurna）

花朵直径8cm，株高1.2m，强香。
高雅的花形，白色、通透的柔滑花瓣。香味清爽，植株生长紧凑，非常适合盆栽。

Keihan Gardening

'约翰·保罗二世'（Pope John Paul II）

花朵直径10~12cm，株高1.5m，强香。
以罗马教皇命名的花。纯白色花朵凛冽且具有透明感，大马士革香和柠檬香。生长旺盛且抗病性强。株形略带横张性。

> **小知识**
>
> ### 🌹 玫瑰花的大小
>
> 玫瑰花按大小可分为：大花型、中花型和小花型。大花型的大小介于垒球与棒球之间，中花型的大小介于乒乓球与橘子之间，小花型的花朵直径小于高尔夫球。

'克劳德·莫奈'
(Claude Monet)

花朵直径8~9cm，株高1m，强香。
品种名取自"光影的画家"克劳德·莫奈。淡橙色交织着粉色条纹的花瓣呈莲座状开放，香味优雅。抗病性强。

HANAGOKORO

Keihan Gardening

'悠久的约定'

花朵直径10~12cm，株高1.5m，强香。
花色从紫红色变化为洋红色。香味浓醇、甘甜。植株强健，容易种植。

KEISEI ROSE

'凡尔赛的玫瑰'（Versailles Rose）

花朵直径12cm，株高1.6m，微香。
富有丝绒般光泽的大红色玫瑰品种。优美的花朵、流畅的株形，十分华丽。抗病性强。

中花型

有着大量优雅美丽的花朵，单根枝条便能开成花束的多头玫瑰。观赏期长且花量多，值得推荐。

'葵'

花朵直径5cm，株高0.8m，微香。
淡紫色的基调中夹杂着茶色，花色会随着季节变化产生微妙的变化。单根枝条上就能开出数朵成簇的玫瑰。枝条纤细、柔软。

'葡萄冰山'（Burgundy Iceberg）

花朵直径6~8cm，株高1m，微香。
白色玫瑰'冰山'（▶P15）的枝变品种（突然变异）。其紫红色的花瓣中央有少量淡白色的层次变化，令人着迷。

Keihan Gardening

'月读'

花朵直径7~8cm，株高1~1.2m，强香。
一枚枚如同蕾丝般的波浪形花瓣，组成美丽的重瓣花。开花性好，枝条直立生长。散发甘甜的大马士革香味。

'西比拉·卢森堡公主'
（Princesse Sibilla de Luxembourg）

花朵直径6~7cm，株高1.2m，强香。
从花朵中央开始，花瓣由紫红色渐渐变成灰紫色，半重瓣花。抗病性强，容易种植。具香料的香味。

BARA no IE

11

Keihan Gardening

'新娘' (La Mariee)

花朵直径7~8cm，株高1.2m，中香。
重叠的花瓣色彩柔和，既优雅成熟，又不失可爱，犹如新娘的婚纱般耀眼。花朵的触感良好，柔和的香味有时会令鼻子发痒。

Keihan Gardening

'粉兔子' (Pink Rabbit)

花朵直径6cm，株高0.6~0.8cm，强香。
小型的杯状花朵带有大马士革香味。耐寒性强，在温暖地区能持续开花到深秋。株形紧凑，最适合盆栽。

JBP-H.Imai

'钱包' (Pochette)

花朵直径5~6cm，株高1m，强香。
花瓣数多达80~100枚的重瓣花朵。1根枝条上能开出3~15朵花。枝条长且纤细，其半藤本的攀缘特性适合与亭子、栅栏搭配种植。

'美咲' (Misaki)

花朵直径6~7cm，株高1m，强香。
丝绸般柔滑的深杯状重瓣花朵，花瓣数多达100枚以上。非常棒的成簇开花型月季，具有甜美的经典玫瑰香味。

PERENNIAL

KEISEI ROSE

'若紫'（Wakamurasaki）

花朵直径7cm，株高1m，强香。
浅紫色中带有红色的花瓣，波浪状的花边充满了宁静
的气氛，可多次重复开花，具有浓郁的蓝色系玫瑰香味。

'诺瓦利斯'（Novalis）

花朵直径9cm，株高1.5m，强香。
带有明亮的薰衣草紫色的杯状玫瑰成簇开放。花瓣顶部尖形，
有时代感。抗病性强，植株强健，可多次重复开花。

JBP–H.Imai

'贝拉·唐娜'（Bella Donna）

花朵直径7~8cm，株高1.2m，强香。
紫丁香色中带有灰色，花瓣的顶部呈
尖形。枝条纤细，花朵华美。

小知识

玫瑰枝条生长的形状

　　不同玫瑰品种的枝条生长形状也不同。
了解枝条的特征有利于与其他的玫瑰或植
物组合搭配，也有助于保持良好的株距。

直立型
枝条具有向上生长
的特性。

半直立型至半横张型
同时具有直立性和横
张性的中间类型。

横张型
枝条具有横向生长的特性。

13

Keihan Gardening

'小羊咩咩'

花朵直径6~7cm，株高1.2m，中香。
有着鲜艳的亮黄色深杯状花朵。枝条略微横张，是生长旺盛的强健品种，具有红茶和蜂蜜的香味。

'萤火虫之地'

花朵直径7~8cm，株高1m，强香。
'香织装饰'的枝变品种。奶油杏黄色中带有粉色的成簇开放的杯状玫瑰。易开花，具有甜美的水果香。

Keihan Gardening

'真宙'　花朵直径7cm，株高1m，强香。
温和的橘色与杏色混合的深杯状玫瑰。非常容易复花，具有柑橘类的香味。抗病性强且容易种植。

'杏奈'

花朵直径7cm，株高0.7m，微香。
有着鲜艳杏色的半尖形花瓣。随着花朵盛开，颜色渐变为柔和的橘色。多次重复开花，抗病性强且容易种植。

KEISEI ROSE

'八神/神庵'

花朵直径5~6cm，株高0.9m，中香。
带有古董风情的小型咖啡杯状玫瑰。蓬松的花束上大量开花。建议盆栽。

14

JBP–T.Maki

Keihan Gardening

'加百列大天使'（Gabriel）

花朵直径7cm，株高1m，强香。
清凉的白色花瓣中带有淡淡的紫色，
蓬松的花朵大量成簇盛开。

Keihan Gardening

'心之水滴'（Shizuku）

花朵直径6~7cm，株高1m，中度香味。
米白色的花朵优雅地垂挂于枝头。花瓣顶部仿佛
突然被挤压过一样的深杯状玫瑰，香味高雅。建
议盆栽。

'冰山'（Iceberg）

花朵直径6~8cm，株高1m，微香。
轮廓清晰、气质优雅的白色玫瑰。秋季时花瓣会
带有淡淡的粉色。枝条上的刺较少，耐寒、耐热
性强，非常容易种植。

5月

一起来种植
喜欢的玫瑰

5月是玫瑰的季节。无论是四季开花还是一季开花的玫瑰都会在这个百花争艳的季节盛开，这也是最适合根据自己的喜好来挑选玫瑰的时机。今年，让一见钟情的玫瑰在你的花园或阳台上美丽盛开吧！

'绣球'（Temari）
一根枝条上成簇开着四五朵蓬松的中花型玫瑰。重复开花且花期长。花朵直径5~6cm，株高0.8m，微香。

5月的玫瑰

开始栽培

5月从盆栽的开花株开始栽培，整个季节都能欣赏到美丽的花朵。

5月是四季开花的玫瑰在当年初次盛开（初花）的时节。玫瑰凋谢后最好将开败的花朵摘除（摘除残花），这样就能在花期欣赏更多的玫瑰了。花期中的开花过程会消耗掉植株一半的营养，使植株的生长变缓慢。当大部分的花朵凋谢后，枝叶会马上蓬勃生长起来，这才真正开始了培育玫瑰植株的时期。

5月的工作 入手中意的玫瑰并开始栽培

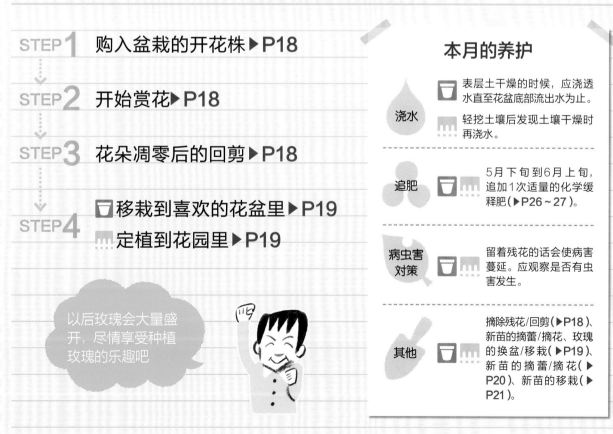

STEP**1** 购入盆栽的开花株 ▶P18

STEP**2** 开始赏花 ▶P18

STEP**3** 花朵凋零后的回剪 ▶P18

STEP**4** 移栽到喜欢的花盆里 ▶P19
定植到花园里 ▶P19

以后玫瑰会大量盛开，尽情享受种植玫瑰的乐趣吧

本月的养护

浇水
表层土干燥的时候，应浇透水直至花盆底部流出水为止。
轻挖土壤后发现土壤干燥时再浇水。

追肥
5月下旬到6月上旬，追加1次适量的化学缓释肥（▶P26~27）。

病虫害对策
留着残花的话会使病害蔓延。应观察是否有虫害发生。

其他
摘除残花/回剪（▶P18）、新苗的摘蕾/摘花、玫瑰的换盆/移栽（▶P19）、新苗的摘蕾/摘花（▶P20）、新苗的移栽（▶P21）。

＊藤本玫瑰5月的工作见P84~87。

购入盆栽的开花株，开始赏花

- ☐ 枝条粗壮且紧密
- ☐ 枝条多且茂盛
- ☐ 叶片多且呈健康的绿色
- ☐ 没有病虫害

开花株

买回来后就能赏花。不需要摘蕾培育，适合初学者。

有数根紧密的枝条长出来

从春季到初夏玫瑰开花的期间里，都能买到枝条紧密、长势良好的玫瑰开花株。这些开花株至少已经培育了1~2年，所以植株茂盛，买回来后马上就能欣赏到花朵。购买开花株的时候，应确认左侧的要点。

回剪
将枝条回剪到整根枝条长度的一半。

STEP 3 花朵凋零后的回剪

(对于 **成簇开花** 的玫瑰，分为摘除残花和回剪两个阶段。)

(对于 **一枝一花** 的玫瑰，只需回剪1次。)

四季开花的玫瑰，需要在花谢后回剪枝条，这样就会生长出新的枝条，并且在1~2个月后开出新的花朵。为了促进植株持续开花，必须在花朵凋谢后进行回剪。

对于1根枝条只开1朵花的玫瑰，只需要回剪到大叶片的上方即可。对于成簇开花的玫瑰，则应先摘除开败的花朵，等到整根枝条上的花朵全部开败后，回剪枝条。

摘掉第一轮开败的花朵

一直**回剪**到大叶的上方

回剪到这样的程度也没问题

新的枝条会从这里长出并开花

剪到剩3~5枚健康的大叶片

成簇开花的枝条上的花朵全部开败后，将枝条**回剪**到大叶片的上方

玫瑰术语 **成簇开花**（花球状）

枝条的顶端开出数朵花球状花朵的类型。

Point
回剪到大叶片的上方

叶片的作用相当于太阳能光板

所有植物的叶片都能在光合作用下合成营养物质。叶片对于制造营养物质的作用来说就像是太阳能光板。尽可能地回剪到大叶片的上方，这样植物在阳光的充分照射下更容易催化新芽生长。玫瑰叶片是由小叶组成的羽状复叶（▶P2），叶片的表面积是优先考虑的。

STEP **4** 🪣 移栽到喜欢的花盆里

入手的玫瑰开花株在花朵全部凋谢后，为了促进植株继续生长，在6月中旬时可移栽到直径比原来花盆大一两圈的花盆里。移栽的花盆推荐使用侧面容易透气和排水的陶盆（红陶盆）。

移栽小提示（盆栽、地栽通用）

- 不要弄散护根土
- 不要将植株根部完全埋没在土里

浇水可以分两次，大量浇水直至花盆底部流出水来

移栽时浇的定根水能使护根土和壤土充分接触，保证根系生长良好

推荐用来种玫瑰

玫瑰的根系向下生长，所以深型花盆最适合。

嫁接点

支柱

护根土

只有1个排水口的花盆需要在底部铺上小石头

🏔️ 定植到花园里

在花盆里生长良好的开花株，可以立刻定植到花园里。玫瑰喜好有充足阳光照射的地方，因此，要种植在每天至少有5~6小时光照的地方。新手在挖好的坑里填入玫瑰专用土就能轻松完成了。

排水不良的地点

在土质黏重等排水不良的地点，可以在移栽的土坑里铺上5~10cm厚的小石子。

土壤容易干旱的地点

在直径40cm，深40cm左右的移栽土坑内，填入玫瑰专用土。

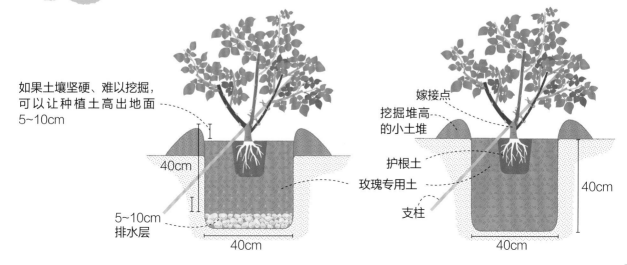

如果土壤坚硬、难以挖掘，可以让种植土高出地面5~10cm

40cm

5~10cm
排水层

40cm

嫁接点

挖掘堆高的小土堆

护根土

玫瑰专用土

支柱

40cm

40cm

新苗

枝条只有一两根

3号或4号花盆

只有1根枝条顶端开花的新苗。

新苗指的是未满1年，还未木质化的小苗。只有一两根枝条的"幼年期"玫瑰需要消耗很多养分才能开花，因此，要把栽培的重点放在养壮植株上。植株增加了枝叶后，来年才能开出更多美丽的花朵。

❶ 入手新苗

为了养壮新苗，必须在秋季前狠下心来摘除花苞。通常购买新苗的时候都会带有花朵和花蕾，应重点挑选那些枝叶粗壮、紧密的新苗。

✔ 确认这些要点！

- ☐ 枝条粗壮且紧密（只有1根枝条也可以）
- ☐ 叶片多且呈现健康的绿色
- ☐ 没有病虫害

❷ 摘除花朵和花蕾会让小苗早日茁壮成长

摘蕾

为了不让小苗开花需要摘除花蕾。用手摘除有利于伤口尽早愈合。

摘花

应尽早摘除花朵。刚开花时玫瑰的枝条很柔软，可以直接用手摘除。

摘除花朵和花蕾后新芽会继续生长，1个月左右就能长出新的枝条。

摘除下来的花朵和花蕾也可以当鲜切花使用

摘除花朵和花蕾对弱小的植株来说也是一种促进再生的有效措施

很快就能增加枝条！

刚摘除花朵时的样子

最初的枝条

对于买回来就已经带花朵的新苗，开花对植株负担太重，需要尽早摘除花朵。同样的，如果是带着花蕾的小苗，也应该摘除花蕾。这样的操作应持续到9月左右。

❸ 尽早将玫瑰移栽到花盆里

支柱

1

如果花盆底部只有一个排水孔，则要在排水孔上垫滤网，然后铺上一些小石子。

2

用混合营养土（或玫瑰专用土）沿着花盆边缘铺上3~4cm的厚度。

不要拿嫩弱的枝条

3

将新苗从原来的小盆里脱盆，注意不要弄散护根土。

春季购买的新苗根系很难在育苗钵里生长开来，所以6月前应移栽到新的花盆里。这样，玫瑰在生长最旺盛的6~7月里就能适应新环境，顺利度过酷暑。

花盆的直径比新苗根部土团直径大一两圈为宜。如果直接种在大花盆里的话，土壤容易干燥，不利于根系的生长。

嫁接点

4

用培养土填满花盆和小苗的间隙，土壤不要超过小苗的嫁接点。轻轻晃动花盆让土壤充分填满花盆。

5

将支柱插入花盆中，用塑料绳将枝条和支柱固定在一起。

6

浇定根水直至水从盆底流出，这样移栽就完成了。

移栽的小诀窍

- 最迟到6月前一定要完成移栽
- 选择直径比土团大上一两圈的花盆
- 只有一个排水孔的花盆需要铺上碎石来改善排水
- 使用排水良好的混合营养土（▶P5）
- 移栽时不要弄散护根土

移栽时需要的物品

- 新苗　●大上一两圈的花盆　●滤网
- 玫瑰专用土（已拌入肥料）　●碎石子
- 支柱　●塑料绳等（▶P97）

Point

新苗脱盆小诀窍

将新苗的枝条放在左手食指和中指的中间，将花盆翻转过来时用左手托住，护根土就会和根系一同脱出花盆。这样托住新苗能在不弄散护根土的情况下，将新苗轻松地从花盆里取出。

6月

培育新的枝条

玫瑰花的盛宴过后就会迎来滋润玫瑰和花园的梅雨季节。在梅雨时节里，玫瑰会大量吸收水分并长出茂盛的新枝叶。被雨淋湿的花朵别有风情。

'蓝色风暴'（Shinoburedo）有着令人感到平静的紫色花朵。开花时每根枝条上会开出四五个花蕾。散发出能安抚人心的香味。花朵直径8cm，株高1.2~1.5m，强香。

JBP-T.Narikiyo

6月的玫瑰

笋枝逐渐生长出来

生长最旺盛的时期

玫瑰迎来了生长最旺盛的时期，会有许多新枝条从植株的根部或中部生长出来。

6月的玫瑰如同孩童般，生长十分旺盛。根系在吸收丰富的养分和水分后，将营养输送到枝条顶端。

在植株的底部及回剪后的枝条上会陆陆续续长出健康的新枝条。这些被称为"笋枝"的枝条对玫瑰今后的长势尤为重要。但如果放任不管的话，笋枝就会疯狂乱长，所以需要在早期对株形进行调整。

6月的工作 对笋枝（新枝）进行调整

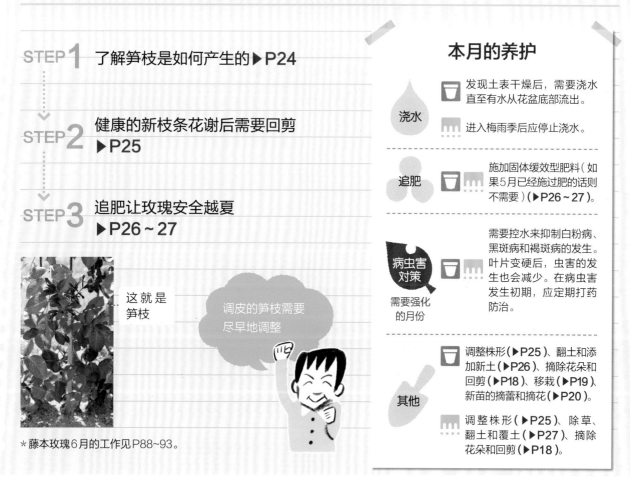

STEP1 了解笋枝是如何产生的 ▶P24

STEP2 健康的新枝条花谢后需要回剪 ▶P25

STEP3 追肥让玫瑰安全越夏 ▶P26~27

这就是笋枝

调皮的笋枝需要尽早地调整

*藤本玫瑰6月的工作见P88~93。

本月的养护

浇水
发现土表干燥后，需要浇水直至有水从花盆底部流出。

进入梅雨季后应停止浇水。

追肥
施加固体缓效型肥料（如果5月已经施过肥的话则不需要）（▶P26~27）。

病虫害对策
需要强化的月份
需要控水来抑制白粉病、黑斑病和褐斑病的发生。叶片变硬后，虫害的发生也会减少。在病虫害发生初期，应定期打药防治。

其他
调整株形（▶P25）、翻土和添加新土（▶P26）、摘除花朵和回剪（▶P18）、移栽（▶P19）、新苗的摘蕾和摘花（▶P20）。

调整株形（▶P25）、除草、翻土和覆土（▶P27）、摘除花朵和回剪（▶P18）。

了解笋枝是如何产生的

长出许多笋枝表示植株很健康

玫瑰在生长最旺盛的时期，根系吸收养分和水分后将其输送到枝条顶部。这个时候，玫瑰会长出许多"笋芽"。花后回剪开花枝，会令储存在植株枝条里的养分失去输送到顶部的意义，多余的养分会保留在基部，从而促进基部的笋芽迅速长成笋枝。这个原理就如同将水管弯曲后，水流会从水龙头接口处或中间喷出来一样。需要注意的是，笋枝的生长方式会因植株的健康状态、品种和栽培环境的变化而变化。

图解笋枝的发生

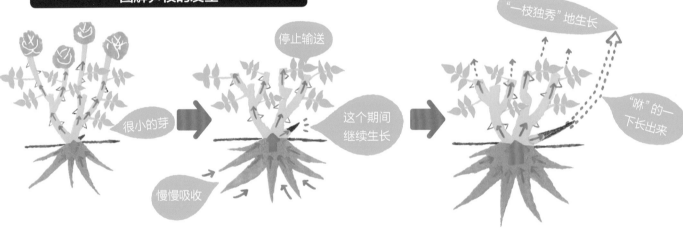

停止输送

很小的芽

这个期间继续生长

慢慢吸收

"一枝独秀"地生长

"咻"的一下长出来

植株根系开始慢慢吸收养分和水分并输送到枝条顶部。

开花后回剪枝条，会令植株不再输送养分到其他枝条顶部。

植株根系吸收的养分和水分会集中到笋芽上，促使其急速生长，变成笋枝。

Point

如果放任笋枝不管的话会发生什么?

如果放任过于强壮的笋枝不管，植株的所有养分都会集中在这个枝条上。随后，其他的枝条因为得不到足够的营养，便会发生发芽缓慢或是株形不良等情况。周围的枝条接受不到足够的阳光，枝条就会变弱直至枯萎，最后形成"一枝独秀"型玫瑰。

株形不平衡的"一枝独秀"型玫瑰

被笋枝挡住阳光而枯萎的枝条

放任粗壮的笋枝不管的后果——株形糟糕且开花数量少。

STEP 2 健康的新枝条花谢后需要回剪

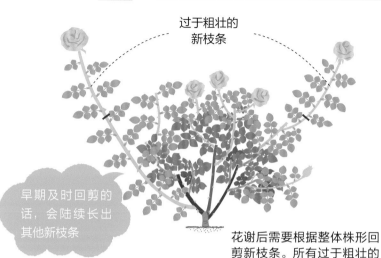

过于粗壮的新枝条

早期及时回剪的话，会陆续长出其他新枝条

花谢后需要根据整体株形回剪新枝条。所有过于粗壮的新枝条都需要稍微修剪。

生长良好的笋枝，不仅会增加开花数量，同时也是令植株变得强壮的重要枝条。但是，如果笋枝过于粗壮的话，会妨碍其他枝条的正常生长。为了能更好地欣赏花朵，需要进行回剪来调整株形。

将生长旺盛的笋枝修剪后，植株会陆续长出新的笋芽，反复回剪后，不仅株形变得更加美观，也能培育出更多的花朵。

Point

根据阳光照射的位置来调整株形

回剪笋枝时应根据太阳的位置来调整株形。玫瑰是喜好阳光的植物，想像一下屋顶的太阳能光板，回剪的时候应尽可能地扩大阳光照射的面积。

◎ 太阳能光板的形状

参照太阳能光板的形状来修剪株形能让大部分枝条都能被阳光照射到。理想的株形是沿着墙壁呈弧形向下。

✗ 高低交错不一的株形

随意修剪枝条高度是不正确的。即使阳光照射充足，光照好的枝条长高后也会遮挡住其他枝条，造成植株不容易开花。

STEP UP

新苗或弱苗不需要回剪笋枝

新苗（▶P20）和枝叶长势较弱的苗，为了养壮植株，一般不需要回剪笋枝，只摘除笋枝上的花蕾即可。但如果长出过于强壮的笋枝，为了均衡其他枝条的营养，也需要尽早地回剪。

STEP 3　追肥让玫瑰安全越夏

"追肥" 指的是在花盆或土壤里添加肥料

6月的玫瑰总是怎么喂都喂不饱

6月里的玫瑰好比是正值青春期怎么都吃不饱的青年。在这个时期追肥能立刻补充玫瑰的营养，让其安全越夏。

追肥前，为了防止杂草争夺玫瑰的营养，需要拔除植株周围的杂草（除草）；疏松表面坚硬的土壤，让空气更容易进入土壤中（翻土）。然后，将堆肥和腐叶土等有机物薄薄地铺在表土上（覆土），在微生物的作用下，土壤会变得蓬松且富有营养，同时可以防止土壤变得干燥、抵御杂草和病害的发生，让玫瑰恢复活力。

盆栽时

盆土变得坚硬的话，在追肥前疏松一下表层土（翻土），追肥后再补充新的土壤（添加新土）。

翻土　1

吭哧吭哧

盆土表面的土壤变得坚硬、难以松动的话，可以用移栽用的小铲子疏松或去除表面0.5~1cm的土壤。

追肥　2

去除了坚硬的表层土之后，沿着花盆的边缘均匀地放置两三堆定量的固体缓效肥。

增添新土　3

添加新土直至覆盖住肥料，同时也有覆盖表面的效果。

Point

缓释型固体肥料是玫瑰的"加餐"

四季开花的玫瑰会在每年的春、夏、秋季，每隔2~3个月开花一次。每次开花都会消耗玫瑰的养分，因此推荐每2~3个月追加一次缓释型的固体肥料。

如果想让玫瑰旺盛生长的话，固体肥料比液体肥料效果更佳

散放型

只需平放的药片型

地栽时

杂草生长旺盛，应连根拔除。追肥的时候要放入混合好的堆肥和腐叶土等有机肥料，这样玫瑰就能健康生长。

除草

玫瑰根部茂密的杂草不利于空气进入土壤，同时会与玫瑰竞争养分，所以要认真铲除杂草。

翻土

距离玫瑰根部20~30cm远的范围内，挖松1~2cm深的土壤。

覆土

在耕过的土壤上用混合好的堆肥和腐叶土等有机肥料覆盖1~2cm的厚度。

追肥

最后，在含有有机肥的土壤中放置定量的缓释型固体肥料。

Point

适合用作玫瑰覆土的有机物

使用富含有机物的覆盖物能让土壤变得疏松且能改善土壤的透气性。土壤中空气充足能使根系生长活跃，有利于肥料的吸收和微生物的增加。为了开出美丽的花朵，玫瑰根系的养护极为重要！

搅拌

将肥料、土壤和有机物一起轻轻搅拌混合即可。

7月

入夏后养护管理的变化

进入了7月之后就会出梅，阳光变得强烈，整个世界瞬间从潮湿的梅雨季进入炎热的干燥时节。

梅雨过后的浇水应改为干湿交替的方式，在干燥的环境中锻炼花苗长得结实、健壮。相反，在土壤潮湿的情况下急于浇水会让玫瑰软弱而难以过夏。

'热带果冻'（Tropikal Sherbet）深金色的花瓣边缘会产生橙色、红色和粉色的变化。1根枝条上会开出5~12朵饱满的杯状花朵。植株强健且抗病虫害性强。花朵直径8~9cm，株高1.2~1.5m，中香。

7月的玫瑰

梅雨时节
大吃大喝

梅雨季节过后，
成为纤细的拳
击手体形

玫瑰在梅雨季节里会充分吸收水分和养分，枝条和叶片生长得如同草花般一样茂盛。

出梅后，玫瑰的叶色渐渐变深，枝条也开始变得木质化。这仿佛是食量大的青年在排出多余的水分之后，身材变得像拳击手一样。

7月的工作 出梅后要改变浇水的方法

浇水

STEP 1
梅雨时期
遵循土壤不干不浇水的原则 ▶ P30

土壤干燥时只需
1天浇足一次水

不需要浇水

（不下雨时5~7天浇水一次）

STEP 2
出梅后
干湿交替的浇水方法 ▶ P31

1天浇足一次水

土壤干燥到枝条顶端的
叶片垂搭下来时，应
在植株周围充分浇水

（不下雨时3~5天浇水一次）

＊出梅后的越夏对策（▶P34~37）。

＊藤本玫瑰7月的工作见P88~93。

本月的养护

追肥
根据生长情况适当施加液体肥料。

不需要追肥。

**病虫害
对策**
酷暑里喷洒药剂容易烧伤玫瑰的叶片，所以在7月中旬应完成施药。特别是在发现黑斑病迹象时，应及时打药防止病情扩散。

其他
调整株形（▶P25）。
第二轮花后的回剪（▶P31）。
新苗的摘蕾和摘花（▶P20）。

适当控水能在
酷暑中培养出
强壮的玫瑰

STEP 1 梅雨时期遵循土壤不干不浇水的原则

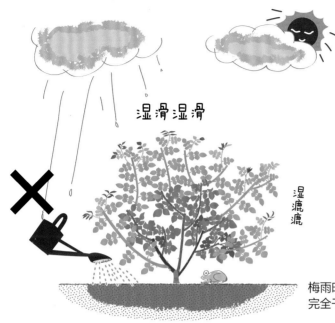

经过干湿交替的循环，能锻炼出强健的玫瑰植株。相反，在总是很潮湿的环境下，枝条长势会变弱，耐旱性和抗病虫害性也会变弱。

玫瑰并不喜欢梅雨时期的潮湿环境。保持土壤干燥能让玫瑰茁壮生长，所以，在梅雨时期土壤干燥不了的情况下，无论是盆栽还是地栽都不需要浇水。

梅雨时节土壤一直很潮湿，土壤未完全干透的话不需要浇水。

Point

出梅后发现枝叶耷拉下来请不要恐慌

刚出梅时，会发生土壤潮湿但玫瑰的枝叶耷拉下来的情况。别担心，这是因为梅雨期间植株大量吸收水分造成的，数日后便能自然恢复，所以不需要急着浇水。这时急着浇水会让玫瑰变成被宠坏的孩子，在盛夏里

也需要不断补充水分，从而发生"中暑"现象。但如果同时出现土壤干燥和枝叶耷拉的情况，则说明植株缺水，应及时在植株的周围充分浇水。

土壤潮湿的时候禁止浇水

数日后就会自然恢复成精神饱满的样子

太过溺爱可不行哦

枝条耷拉下来的原因是叶片水分大量蒸发时，底部水分供给不足。

STEP 2 出梅后干湿交替的浇水方法

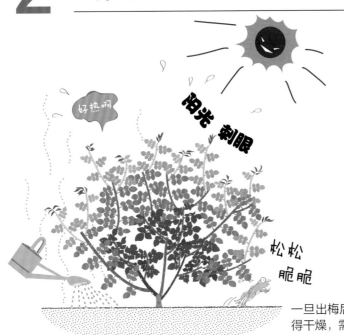

好热啊

阳光 刺眼

松松 脆脆

出梅后马上就迎来了高温、干燥的酷暑季节。不假思索地随意连续浇水，会令酷暑中的玫瑰肥水过多。梅雨过后干湿交替的浇水方法是指待土壤完全干燥后，在植株的周围充分浇水的方法。

一旦出梅后，土壤会立即变得干燥，需要及时浇水。

STEP UP ↗

第二轮花后的回剪

四季开花的玫瑰在第一轮花的回剪之后，会长出新的枝条，开出第二轮花朵。第二轮开花后同样要回剪到大叶片上方，调整整体的株形平衡（▶P18、P25）。植株的高度应修剪得均匀平整，这样就能在夏季高温、干燥时起到预防酷暑的效果。

第一轮花
（当年第一次开的花朵）

第二轮花
（当年第二次开的花朵）

回剪到大叶片上方

Point

为什么要浇透水直至水从花盆底部流出？

浇水不仅仅是为根条提供水分，新的水流可以冲走花盆中的废水和杂菌等，也有利于土壤中环境的再生。少量浇水法会令花盆中的废水停滞，造成根系腐烂，所以浇水时必须要浇透水直至水从盆底流出。

严禁用一茶杯左右的少量水来湿润土壤表面。这样水无法从盆底流出，会使花盆内的生长环境变得恶劣。

使用莲花嘴水壶浇水，直至有水从盆底流出。每次浇水的量以盆土体积的1/3~1/2为宜。

8月

决不向酷暑低头的越夏措施

终于迎来了真正的盛夏。白天刺眼的强烈阳光炙烤着地面，到了晚上则是持续的闷热。无论是人们还是玫瑰，都期盼能有些许的凉爽。

如果玫瑰在酷暑中变得病弱，秋季就欣赏不到美丽的花朵了。花些功夫在避暑的措施上，才能让玫瑰在夏季也生机勃勃。

盛夏中能开出天鹅绒质的红色中型花朵的玫瑰品种'纪念芭芭拉'(Hommagea' Barbara)的叶片。夏季的深绿色叶片是植株健康的表现。

8月的玫瑰

被强烈的阳光灼伤或在高温、干燥时期打药引起叶片烧伤的症状。

靠近植株基部的叶片会变黄掉落，如果没有发现黑色斑点的话就不用担心是病害引起的。

玫瑰在炎热的夏季里很容易受伤，整体的株形变得不整齐之外，枝条也会疯长。勉强开出的花朵也会因干燥变得与春季花朵不同，花瓣卷曲、花形也较小。同时，由于干燥和植株的正常老化，靠近根部的叶片会变黄、掉落。

8月的工作 盆栽和地栽玫瑰的安全越夏措施

盆栽的越夏对策

A 使用套盆来阻挡阳光的直射 ▶ P34

B 利用组合盆栽遮阴 ▶ P34

C 利用间隙给花盆底部降温 ▶ P34

D 通过地面洒水来降温 ▶ P35

E 通过浇水给盆土降温 ▶ P35

F 利用竹帘来阻断热气 ▶ P35

地栽的越夏对策

A 在植株的周围充分浇水 ▶ P36

B 用植物覆盖地面和玫瑰根部 ▶ P37

* 藤本玫瑰8月的工作见P94。

本月的养护

浇水
中午前或傍晚时浇灌干旱的土壤。浇水后花盆里的温度会下降。傍晚浇水也有同样的效果。

土壤干燥时在植株周围充分浇水。

追肥
根据生长情况来施加液肥。

不需要追肥。

病虫害对策
消灭金龟子的幼虫(▶ P39)。为了防止在高温、干燥时期烧伤叶片，应避免在白天喷洒药剂。另外，喷洒药剂时应先打湿叶面。

其他
第二轮花后的回剪(▶ P31)、新苗的摘蕾和摘花(▶P20)、应对台风的对策(▶P47)。

盆栽玫瑰的越夏对策

盆栽玫瑰经过长时间的暴晒后，花盆内的温度会达到50℃以上。在这样的环境下根系会受损，植株生长衰退并产生"中暑"的现象。因此，要采取适当措施给根系降温。

A 使用套盆来阻挡阳光的直射

使用比原花盆大上两圈的红陶盆，在盆底铺上碎石子等来防止热量从底部传递上来。

将小花盆放入图片1中的花盆里，放置的要点是不要碰触到空盆。

在花盆与花盆之间塞入报纸和水苔，提高保湿的效果。

将花盆放入大两圈的空盆里来阻挡阳光直接照射在花盆上，这样就能防止盆土高温化。首先，在空盆的底部铺上碎石子，在盆与盆之间的空隙里塞入报纸和水苔来提高隔热和保湿效果。

B 利用组合盆栽遮阴

将耐热草花和蔬菜的组合盆栽，放置在玫瑰附近，利用组合盆栽制造出的浓阴为玫瑰的侧面及根部阻挡烈日的直射。

C 利用间隙给花盆底部降温

在花盆的底部垫上砖头和木材等制造出地面与花盆之间的间隙。这样不仅能阻挡从地面传递上来的热气，也能加强花盆底部的通风，缓解植株的"中暑"症状。

D 通过地面洒水来降温

傍晚在花盆周围的地面上洒水，利用水分蒸发时会带走热量的原理来降低温度。对沥青、混凝土和铁板等地面特别有效。

洒水降温后就不会中暑啦

E 通过浇水给盆土降温

为了带走花盆中的热量，傍晚浇水时应充分喷洒，直到花盆的侧面冷却下来。盆土降温后能保护根系不受损伤，这样做对防止花盆内部高温化极为有效。

Point

确保盛夏土壤不干透的浇水技巧

花盆里的土壤在极度干燥时会变得坚硬，没有浇透水是造成盆土干透的原因，在夏季必须特别注意。

滴灌式浇水

和滴灌式咖啡使用的方法一样，打湿表土5~10分钟后再浇第二遍水。这样，中间的土壤就能被完全浸透。

利用大水流来翻土

夏季，靠近土表的地方会露出玫瑰的根部，使用耙子翻土时容易碰伤根部。土壤变得板结时，可以用较强的水流来松动土壤。

将花盆浸没在水里

将花盆完全浸没在盛水的木桶等容器内5~10分钟，直至没有气泡冒出。盆土被完全浸透后，下一次浇水时，水就能轻松渗透进去。

F 利用竹帘来阻断热气

炎热的夏季，不仅要注意地面，还必须留意从墙面上传递来的热气（热辐射）。朝南的墙面在中午温度会高达50~60℃，会严重影响玫瑰的生长。可以在种植玫瑰的地方悬挂上能阻断热气传递的竹帘和遮阳帘等。

地栽玫瑰的越夏对策

种植在花园里的玫瑰无法移动到凉爽的地方。可以改变浇水的方法，或是在玫瑰周围种植上其他植物等来帮助玫瑰安全越夏。

用水管来灌溉整个花园的话会造成湿热的反效果

A 在植株的周围充分浇水

如果遇上好几天都没有下雨导致土壤干旱时，应于上午在玫瑰的周围充分浇水。如果给整个花园和花坛都浇水，表面看上去会很凉爽，实际上，玫瑰如同在桑拿中一般闷热，导致长势变弱。

○

用带有莲蓬头的水管充分灌溉植株周围的土壤。

×

当花园和花坛全部浇水后，玫瑰会陷入高湿度的"桑拿"状态。

不断蒸发

水膜

热 热 热 热 热 热 热

以一棵为单位灌溉植株周围

在堆土种植的地方，土堆吸收水分后会产生水膜，在阳光的直射下蒸发出大量热气。

B 用植物覆盖地面和玫瑰根部

凉爽

地被植物

在玫瑰周围种植能耐受炎热、干燥的地被植物能有效防止土壤高温化，也能美化地面。在玫瑰周围种上低矮的绿篱也有同样的效果。

适合与玫瑰搭配的地被植物和绿篱

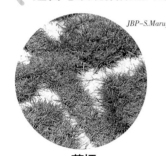
JBP–S.Maruyama

草坪
推荐耐热的细叶结缕草。

JBP

筋骨草 (Ajuga)
宽大的叶片能很好地衬托玫瑰。

JBP–S.Fujikawa

匍枝百里香 (Creeping Thyme)
匍匐性的百里香，享受美妙的香味。

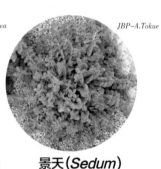
JBP–A.Tokue

景天 (Sedum)
多肉植物种类很多，具有亮黄色、蓝色和绿色等丰富的叶色。

玫瑰的前面种植了一排黄杨绿篱 (Buxus micro phylla)。修剪成低矮的灌木不会影响通风且能为玫瑰根部遮阴。黄杨是一种耐热、耐旱的矮灌木，一年中任何时候都能种植。

JBP–M.Fukuda

小檗 (Berberis)
有着备受喜爱的紫红色和石灰绿等彩色叶片。植株矮小、带刺。

南天竹 (Nandina domestica)
常绿的矮灌木。明亮的绿叶会在冬季变红。

迷迭香 (Rosmarinus officinalis)
匍匐性的迷迭香能遮挡热气，叶片还可以用于烹饪。

37

通过叶色来判断玫瑰是否中暑

就像脸色能体现身体状态一样，玫瑰的叶色也能帮助我们了解植株的生长状态。检查酷暑中玫瑰的叶色，有助于我们采取适当的应对措施。

① 深绿色的叶片表明玫瑰没有中暑

Point

无须担忧根部的老叶

盛夏时节，植株根部的大叶变成黄色或褐色，但没有发现黑色斑点，这并非是植株生病了而是正常的老化。它可以保护根部安全越夏，不用在意。

老化的叶片

摘除变黄、老化的叶片即可。

虽然玫瑰的种类、颜色和香味不同，但健康的玫瑰叶片在夏季阳光的沐浴下都会变成深绿色，同时成长为坚硬、厚实的"成年"叶片，抗病虫害性也会增强。

没有中暑的健康叶片呈深绿色。

➡ 继续正常的夏季管理。

② 叶色变化时需要注意玫瑰是否中暑

Point

下半部分的叶片突然变成黄色

这是急性根系损伤的表现。叶片突然变黄可能是5~7天前土壤排水不良、移栽或是过度施肥造成根系损伤引起的。

➡ 将花盆搬到凉爽的场所。
➡ 使用套盆以阻挡阳光（▶P34）。
➡ 每周添加一次活力剂。

➡ 使用套盆（▶P34）以阻挡阳光。
➡ 每周施加富含钙、钾肥的液体肥料（包括颗粒）一次，让根系发达，植株也能恢复生机。

几乎每天都暴露在高温、干燥环境中的玫瑰，除根部以外的枝条也会有渐变成黄色或褐色的叶片。植物无法正常生长，这就是所谓的"中暑"症状。

消灭金龟子的幼虫

金龟子的幼虫。如果发现了1只，那么地栽的土壤里多半还潜伏着30只左右，而盆栽的土壤中则会有15只左右的幼虫。

JBP～H.Imai

除了中暑之外，夏季玫瑰病弱的另一个原因就是金龟子幼虫带来的危害。金龟子幼虫十分喜嗜根系，会大口大口地吞噬根须导致玫瑰无法开花，这对于盆栽玫瑰来说是致命性的虫害。大家一起来学习发现土壤中金龟子幼虫的方法和对应措施吧。

盆栽时

(注意这些症状)

- 枝条变细，叶片容易掉落，不结花蕾
- 浇水时发现植株松动
- 没有杂草生长
- 盆土下降3~5cm
- 盆土表面一直湿润，不变干

活力剂富含维生素和矿物质，能帮助病弱植株恢复健康。

(应对措施)

将松动的植株从花盆内取出，使用新土种植在小一号的花盆内（▶P64）。
捕杀幼虫。

↓

根据根系受损的情况，稍微修剪枝条来调整株形平衡。

↓

放置在凉爽的地方养护1个月左右。

↓

移栽后施加活力剂，每隔2周施加液体肥料。

地栽时

(注意这些症状)

松松的

- 枝条和叶片变得瘦弱，几乎不结蕾
- 地表的土层蓬松
- 修剪后新芽生长不良，开花质量差
- 发现有杂草都不生长的区域
- 发现土壤有一直潮湿的区域
- 地面土壤下沉3~5cm

(应对措施)

松动土壤，在地表附近捕杀幼虫。

只需松动幼虫潜伏区域的土壤。但是，切勿深挖伤到玫瑰的根系。

为了秋季玫瑰的盛开进行夏季修剪

大家是否认真做好越夏的应对措施，保证玫瑰安全越夏了呢？

虽然夏季的余热还在，但到了为四季开花的直立型玫瑰在秋季开花做准备的时候了。9月上旬进行夏季修剪，能让玫瑰在秋季集中盛开花朵。

'铜管乐队'（Brass Band）明亮的橘黄色花朵热烈盛开。特别在秋季的阳光下给人留下鲜艳的印象。'铜管乐队'成簇开花性良好，耐干燥。花朵直径8~9cm，株高0.8~1.2m，微香。

JBP–H.Imai

9月的玫瑰

干净利落的
夏季修剪

夏季修剪后的样子。
枝条生长出来后会开
出秋季的玫瑰。

虽然酷暑还在持续，但随着凉爽的夜晚开始增加，玫瑰也开始恢复活力，长出新芽。

这个时期，需要根据玫瑰在夏季的状态来进行修剪，这样，到10月左右就能欣赏到美丽的花朵了。购买后摘除花朵和花蕾的新苗（▶P20）在夏季修剪后也会开出美丽的花朵。

9月的工作 根据玫瑰的状态适当地进行夏季修剪

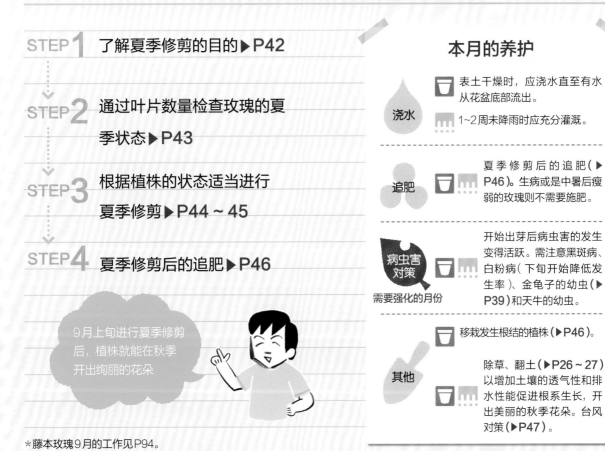

STEP 1 了解夏季修剪的目的 ▶P42

STEP 2 通过叶片数量检查玫瑰的夏季状态 ▶P43

STEP 3 根据植株的状态适当进行夏季修剪 ▶P44 ~ 45

STEP 4 夏季修剪后的追肥 ▶P46

9月上旬进行夏季修剪后，植株就能在秋季开出绚丽的花朵

本月的养护

浇水
表土干燥时，应浇水直至有水从花盆底部流出。
1~2周未降雨时应充分灌溉。

追肥
夏季修剪后的追肥（▶P46）。生病或是中暑后瘦弱的玫瑰则不需要施肥。

病虫害对策
需要强化的月份
开始出芽后病虫害的发生变得活跃。需注意黑斑病、白粉病（下旬开始降低发生率）、金龟子的幼虫（▶P39）和天牛的幼虫。

其他
移栽发生根结的植株（▶P46）。
除草、翻土（▶P26~27）以增加土壤的透气性和排水性能促进根系生长，开出美丽的秋季花朵。台风对策（▶P47）。

*藤本玫瑰9月的工作见P94。

STEP了解夏季修剪的目的

四季开花的玫瑰不进行夏季修剪也能在秋季开花。但是花朵会零散地开放，超过一人身高的植株株形凌乱，无法紧凑、一致地开花。

夏季集中回剪枝叶，能调整植株高度并统一开花期，让玫瑰开出繁茂、美丽的秋季花朵。此外，修剪能刺激枝条更新，改善植株的生长状态，同时也能增强光照和通风，有效预防病虫害的发生。

夏季修剪的好处

- 在秋季集中开出美丽的花朵
- 修剪出漂亮的株形
- 让植株恢复活力
- 改善并平衡枝条的营养
- 抑制病虫害发生

Point

必须要进行夏季修剪吗？

对于喜欢单枝花朵风中摇曳的人，或是在秋季短暂寒冷的地带不需要夏季修剪。不进行夏季修剪时，可根据玫瑰整体的情况进行开花后的回剪（▶P18）。

少量开花

夏季修剪后秋季集中开花

成簇开花的月季只需稍微进行夏季修剪，就能欣赏到开出数朵花压垂花枝的美景。
图片中的月季为'斯卡堡集市'（Scarborough Fair）。

Point

9月上旬最适合夏季修剪

进入9月后，夜间气温下降的同时，地表温度也开始下降，玫瑰根系从酷暑中恢复过来并长出新的根系，枝叶也开始生长，在这个时间点进行修剪最合适。修剪后，植株枝叶继续生长，积存养分，就能在10月开出饱满的美丽花朵。

从酷暑中恢复活力时进行"理发"

JBP–H.Imai

STEP **2** 通过叶片数量检查玫瑰的夏季状态

还剩下多少叶片呢

没有中暑，安全越夏的成簇开花月季'绣球'。

夏季的酷热、干燥以及叶片的蒸腾作用，会导致玫瑰因根系受损而中暑，吸收养分和水分的能力变弱。于是，植株为了抑制叶片水分的蒸腾会自动落叶。可以说，残留叶片的多少就表明了植株根系的健康状态。那些叶片减少的植株，由于中暑和病虫害等原因，根系也会变弱。

○ 叶片只剩下1/4~1/3的话，说明
（稍微中暑）

◎ 叶片剩下一半以上的话，说明
（完全没有中暑）

在酷暑中顽强生长的玫瑰植株，遭受了高温干燥、积水和病虫害等的轻微影响。只要进行恰当的修剪，秋季也能欣赏到美丽的花朵。

没有中暑的健康玫瑰。虽然不进行夏季修剪也能在秋季开花，但好好修剪一下，10月就能享受百花怒放的华丽景象。

STEP 3 根据植株的状态适当进行夏季修剪

◎ 叶片剩下大部分的情况

要想让玫瑰在秋季开出花束的效果，必须把玫瑰修剪成干净的株形。按自然的扇形修剪，能让每根枝条都得到充足的光照，促进枝条生长。

立即开始
修剪玫瑰

◎ 夏季修剪的诀窍

- 将枯萎、纤细和受损变黄的枝条从根部剪掉
- 从上面开始剪掉整株植株1/3的高度
- 每根枝条留下3枚以上的叶片
- 将株形修剪成自然的扇形

回剪的高度为植株
高度的1/3

1/3

细短的枝条　枯萎的枝条　受损变黄的枝条

如何修剪

目测需要修剪的高度。没有中暑的植株只需从顶部剪掉植株高度的1/3。

首先，把枯萎和纤细的枝条从根部开始剪掉。

接着，摘除花朵，从顶部1/3高度处开始回剪枝条。

夏季修剪完成后的样子。修剪成自然的扇形。

叶片只剩下1/4~1/3 的情况

不能过分修剪枝叶,尽可能地保留大部分叶片,稍微调整株形。只需剪掉顶端以促进新芽生长。

叶片是制造营养的太阳能光板,不可以剪光哦

夏季修剪的诀窍

- 修剪的1周前施加液体肥料以促进植株恢复长势
- 将枯萎、纤细和受损变黄的枝条从根部剪掉
- 尽可能多地保留叶片
- 每根枝条都要修剪

从枝条顶端开始修剪

枯萎的枝条

细短的枝条

受损变黄的枝条

Point

几乎没有叶片的植株需要进行夏季修剪吗?

被酷暑和病虫害折磨到几乎没有叶片的玫瑰,比起在秋季开花,最重要的是让植株恢复健康,所以不需要夏季修剪。开花会消耗植株大量的养分,因此,要摘除花朵、花蕾和受伤的枝条。添加令枝叶茂盛的活力剂,当枝叶变茂盛后再施加液体肥料。如果落叶是病虫害造成的,则应及时喷洒药剂治疗,再添加液体肥料。

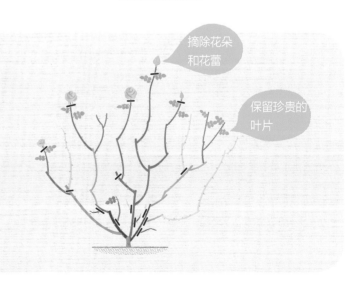

摘除花朵和花蕾

保留珍贵的叶片

45

STEP 4 夏季修剪后的追肥

 除草、翻土并覆盖有机肥，在其周围放置固体肥料并轻轻拌匀。

在盆土上均匀地放置固体肥料，添加少量培养土和粪肥等，充分浇水。

夏季修剪后要马上追肥，以促进植株发新芽，开出美丽的花朵。

无论是盆栽还是地栽，除草和翻土后都要在植株周围放置适量的缓释型固体肥料，并轻轻拌匀。覆盖有机物能起到防止盆土干燥，帮助植株吸收肥料的作用（▶P26~27）。

花盆中的根系沿着盆壁盘绕打结生长

将发生根结的盆栽玫瑰换盆

STEP UP

换盆的诀窍

●换盆时间过长会让护根土干透，损害根系，把花苗从花盆里拔出后，必须立刻移栽

●换盆后需要1~2周时间缓苗。将玫瑰放置在半阴处，或利用其他盆栽为玫瑰遮阴

早晨浇了水之后连傍晚都坚持不到的植株，可能有根结的情况发生。根结会阻碍养分和水分的吸收，导致植株生长衰退，所以9月中旬以后就应该移栽到大上一两圈的大盆里。基本的操作方法和开花株新苗的移栽一样（▶P19）。

从花盆里拔出整棵玫瑰。如果很难拔出，轻轻敲击花盆边缘后就能轻松地拔出。

土壤被根系密密麻麻地盘绕着。生长期不能碰伤根系，不要弄散护根土。

在比原花盆直径大一两圈的花盆底部铺上新的玫瑰专用培养土并调整高度，放入拔出的玫瑰。

将护根土和花盆之间用新的培养土填充并轻轻压实，充分浇水即可。

台风前后的保护措施

玫瑰在遭受台风等恶劣气候时，枝条很容易被折断，叶片也会被花刺刺伤或撕裂，遭受极大的损害。台风期间的雨水中富含海水，残余在枝叶上的盐分会使枝叶脱水而导致植株生长缓慢。因此，要认真做好应对台风的保护工作。

台风接近前

准备妥当后就能万事无忧

盆栽时

- 可以将花盆移到室内
- 屋檐下或墙角无法移动的组合盆栽，可以捆绑固定在一起
- 在花盆里插上棍子，用绳子将其和枝条固定
- 将小花盆放入大花盆中变成套盆
- 容易倒伏的花盆可以横放过来用砖头固定

大家在一起的话就没问题啦

好害怕呀

我体型高，一开始就需要横过来放置

地栽时

- 在土壤中插上棍子，用绳子将其和玫瑰的枝条固定在一起
- 将靠近篱笆或拱门等处的玫瑰枝条与其固定在一起

台风过后

盆栽、地栽通用

- 取下用来固定的棍子
- 用带有莲花喷头的水管、水壶用大水冲洗整棵植株，冲刷掉盐分
- 剪掉受损的枝条和叶片
- 将花盆搬回原来的地方
- 发生病害的话需要及时喷洒杀菌剂

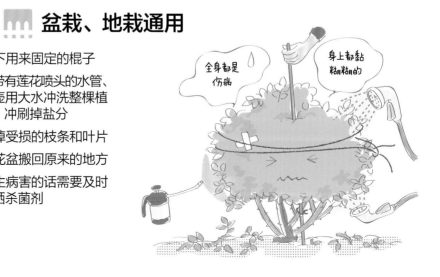

全身都是伤病

身上都黏糊糊的

10月

尽情欣赏秋季玫瑰绽放的美丽

经过了严苛的酷暑后，气温节节下降，终于迎来了凉爽的秋季。四季开花的玫瑰开始绽放第三轮的美花。充满情调的秋花是对从春天就开始辛苦栽培玫瑰的人们的奖赏。10月可以稍稍停下栽培工作，悠闲地欣赏繁花盛开的美景。

'黑影夫人'（The Dark Lady）深红色的大花从远处就能吸引目光。随着绽放，花朵会变成带有紫色的美丽莲座状。枝条略葡匐，花朵带有甜美的香味。花朵直径10~12cm，株高1.3m，强香。

JBP–H.Imai

48

10月的玫瑰

玫瑰第一轮开花是在5月左右，华丽的大花争相开放。第二轮开花则是在梅雨季节，柔和的花朵在雨中盛开。第三轮开花是在10月左右，在秋高气爽的温暖阳光下，又开始了久违的玫瑰盛花期。气温下降令花朵的香味更加浓郁，细嗅玫瑰香是秋季赏花的另一种乐趣。

如果9月进行过夏季修剪的话，玫瑰在这个时期就能开出高度统一的秋花。而没有进行夏季修剪的玫瑰，则只能一朵朵零散开花。

10月的工作 主要的工作告一段落，尽情地欣赏秋花吧

STEP 1 欣赏秋季玫瑰的花色和花形 ▶ P50

STEP 2 开花后的回剪 ▶ P51

尽早回剪枝条，植株在冬季来临前可长期开花。回剪下的花朵可以用作切花。图片中混合淡紫和茶色的是盛开着的'葵'，有着温和的黄色的是'庵'。

＊藤本玫瑰10月的工作请见P95。

本月的养护

浇水
- 土壤干燥时应充分浇水。有时放在前方的花盆盆土已经干燥而放在后方的花盆土壤还很潮湿，应注意分别适度浇水。
- 完全干燥前不用浇水。

追肥
- 不需要追肥。

病虫害对策
- 花蕾的顶部发现有白色或黑色的小颗粒（棉铃虫的虫卵）时，只需轻轻挤破虫卵即可。花蕾的侧面发现被幼虫啃噬出的小孔时，应及时将其捕杀。

其他
- 秋老虎时节的降温措施（▶ P34～35）、移栽发生根结的植株（▶P46）。
- 台风对策（▶P47）、大苗的移植（▶P55）。

STEP **1** 欣赏秋季玫瑰的花色和花形

花色

虽然和春季的花量差不多，但是秋季玫瑰的花色更为鲜艳浓厚。比如淡粉色的花朵会在秋季变为杏色，而白色的花朵在秋季却开成了淡粉色。

Point

为什么秋季玫瑰的花色会变深？

在春季开花前的生长期，玫瑰会大量吸收水分，花朵大且富含水分，所以花色会很淡。相反，从夏季到秋季的高温期间，植株吸收水分的能力较弱，植株着重在生长枝条，所以开出来的花朵不大，但是花色更深。

这就和同样的颜料在大量水中颜色会变淡，在少量水中颜色会较深的道理一样。

秋季的花朵　春季的花朵

秋

春

JBP~H.Imai

'冰山'(Iceberg) 美丽的白色花朵会在秋季染上淡粉色。开花性良好，除了早春之外几乎一年都能开花。花朵直径6~8cm，株高1m，微香。

花形

与春季的花朵相比，秋季玫瑰的花形更加小巧可爱，更具魅力。杯状花开得圆滚滚的，莲座状花朵更加紧密，尖瓣花形也更加醒目。

Point

为什么秋季玫瑰的花形变得紧凑？

10月下旬后夜晚气温下降，在花朵上会有夜露产生。经过长时间的降温，花瓣会皱褶，无法完全展开，因此，秋季玫瑰的花形更紧凑。

秋

春

JBP~T.Narikiyo

'冰川'(Gletscher) 春季花朵为花环状，秋季则为杯状。其紧凑的匍匐性适合盆栽。成簇开花。花朵直径8cm，株高0.8m，微香。

STEP 2 开花后的回剪

10-12月可以开两轮秋花哦

秋季第二轮花

秋季第一轮花

花后只需剪掉花朵即可

对于温暖地区的玫瑰，10月第一轮秋花花谢后尽早剪去花朵，就能在11月下旬到12月左右欣赏到第二轮秋花。

尽早回剪能促进新芽生长，剪得越浅越能促进新芽在短时间里结出花蕾。此外，剩下的叶片越多，也能为植株过冬储存越多的养分。

秋季的第二轮花在气温偏低时开放，花色比秋季第一轮花更深，非常可爱。

Point

秋花能一直盛开吗？

除非是在寒冷地区，大多数情况下，玫瑰可以一直持续开花到1月中旬左右，之后叶片会掉落，剪掉花朵和花蕾后植株进入休眠，就要开始准备冬季的换盆和修剪（▶P62）。

可以在秋季购买开花株吗？

STEP UP ↗

在新枝条未长出来前不需要换盆，可以尽情欣赏花朵

移栽前可以用红陶盆当套盆来欣赏。

秋季的大苗（▶P4）成为目前市场上的主流，开花株让人们在秋季能看着花朵选择花苗。

这时入手的开花株如果在10月中旬移栽，长出的新枝条会在冬季被冻伤，所以移栽要推迟到11月中旬以后再进行。如果不喜欢育苗钵的话，可以先放进大一点的红陶盆里观赏。

11月

秋季开始种植玫瑰的大苗

11月是从夜晚到白天都开始让人感到寒冷的时节，各种树木的叶色开始变红，马上就要进入冬季了。从10月开始，花店门口会摆放上玫瑰的大苗，这时也是种植玫瑰的最佳季节。从春季开始栽培的玫瑰管理告一段落之后，趁着这个机会再入手新的玫瑰吧！

'王子'（The Prince）有着漂亮的深红色花朵，会随着入秋变成紫红色、深紫色。花朵直径8~10cm，株高1~1.2m。浓厚的大马士革香味。

JBP-H.Imai

11月的玫瑰

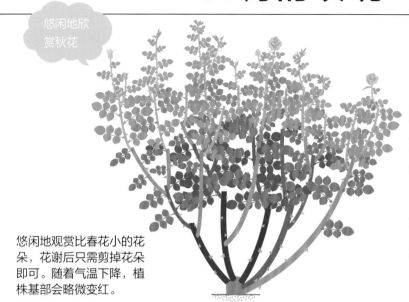

悠闲地欣赏秋花

悠闲地观赏比春花小的花朵，花谢后只需剪掉花朵即可。随着气温下降，植株基部会略微变红。

陆陆续续开出小型秋花的玫瑰会在进入11月后骤然减少开花量。除了开花后的回剪以外，主要的工作就是让植株休眠。请慢慢观赏秋花吧！

这个时期可以入手新品种玫瑰。选购好心仪的大苗后开始种植里吧！

11月的工作 购买新的玫瑰大苗并开始种植

STEP 1 选择木质化的大苗▶P54

STEP 2 大苗的移栽▶P55

这就是大苗

从秋季到冬季，都会摆放在花店门口

本月的养护

浇水		土壤干旱时应充分浇水。积水的话会导致植株变弱。
追肥		根据生长情况施加液体肥料。 不需要追肥。
病虫害对策		注意黑斑病、白粉病和褐斑病的发生。病菌会在植株上或土壤中过冬，来年又会复发，发现后应及时喷洒药剂。
其他		花谢后只需剪掉花朵（▶P51）。

＊藤本玫瑰11月的工作请见P95。

STEP**1** 选择木质化的大苗

通过观察外观来选择容易种植的木质化大苗

在难以通过花朵或叶片来取舍大苗时，主要确认的两个要点为植株根部和枝条。粗壮的根部就像是为玫瑰提供动力的引擎。此外应注意，与其选择数根纤细枝条的玫瑰还不如选择只有一根粗壮枝条的玫瑰。

枝条的表皮和切口都需要检查。枝条表皮皱起，或是切开枝条后发现中央有木质芯，都是植株木质化的信号。玫瑰并非草花而是灌木，所以无论什么时候，选择木质化的苗木准没错！

✔ 确认这些要点

☐ **坚硬、粗壮的枝条**
比起数根纤细的枝条，只有一根粗壮枝条的玫瑰更容易在来年春天长出健康的新芽。

☐ **切口处中央有木质芯形成**

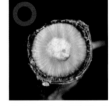 

中心有白色的芯形成，是木质化的中心。

没有开始形成木质芯。

☐ **枝条表皮皱起**
枝条开始木质化时，表皮从绿色变为烟灰色并形成褶皱。

☐ **根部粗壮**
更好地吸收营养和水分，能在春季长出健康的花芽。

Point

秋季的大苗和春季的新苗有何区别？

玫瑰苗的繁殖，是在野生种的茎干（砧木）上将玫瑰的枝条（接穗）嫁接而成的。冬季前将嫁接苗种植在花盆里，来年春季开始销售的为枝条稀少的新苗（小苗、春苗）。大苗（秋苗）是把新苗种植在花田里培育直至秋季挖出来盆栽后销售的。在花田里种植的"成年玫瑰苗"会在立春后开出大量的花朵。

（译注：目前国内的小苗以扦插苗为主流，相比日本的嫁接新苗，更加纤弱，需要更多的呵护。嫁接苗相当于日本大苗，国内一般称之为根接大苗。）

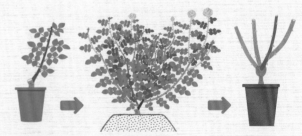

新苗
冬季嫁接后的幼苗，来年春季开始销售（▶P20）。

在花田里栽培
秋季前一直枝繁叶茂的灌木。

大苗
修剪掉枝叶，秋季从花田里挖出后盆栽销售的成年玫瑰苗。

STEP 2 盆栽大苗的移栽

4~5号盆的苗适合选择7~10号的深型花盆移栽。而种在6~8号花盆的大苗,可以在来年春季开花后再移植。

Point

让根系舒展开生长

从花田里挖掘上来的大苗,根系被捆扎后放入花盆内假植销售,并没有所谓的护根土。移栽时应让根系向四周舒展开来,注意不要弄伤根系。但是,如果捆扎的根系已经开始生长,则不用松开根系,直接移栽即可。

根系散开后种植

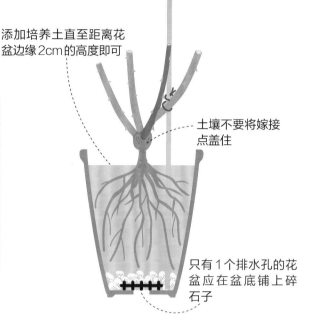

添加培养土直至距离花盆边缘2cm的高度即可

土壤不要将嫁接点盖住

只有1个排水孔的花盆应在盆底铺上碎石子

地栽大苗的移栽

大苗会被修剪成30cm左右的高度,如果周围没有其他盆栽植物可以为玫瑰大苗适当遮阴时,可以暂时盆栽一段时间后再移植到花园里。

在玫瑰的周围种植迷你水仙

大苗的周围可以种上迷你水仙的种球,在玫瑰休眠的日子里也能将花园打扮得华美动人。金龟子的幼虫讨厌石蒜科的球根植物,也就不会寄生在土壤中,此外,水仙也能为玫瑰根部遮挡寒风,防止干燥。这些迷你水仙花会从冬季一直持续开花到早春,种植后会越长越多。

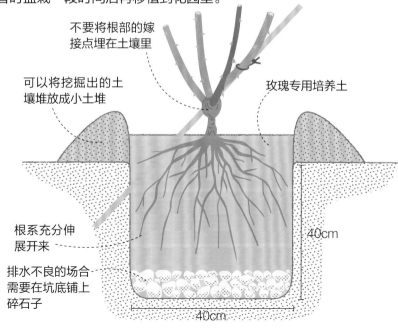

不要将根部的嫁接点埋在土壤里

可以将挖掘出的土壤堆放成小土堆

玫瑰专用培养土

根系充分伸展开来

排水不良的场合需要在坑底铺上碎石子

40cm

40cm

12月 应对严寒的越冬措施

这是开始刮寒风的季节。各种树木上红色或黄色的树叶逐渐凋零，是冬季到来的预兆。玫瑰也会逐步停止开花，现在需要开始为休眠期的换盆和冬剪做准备了。

12月的玫瑰

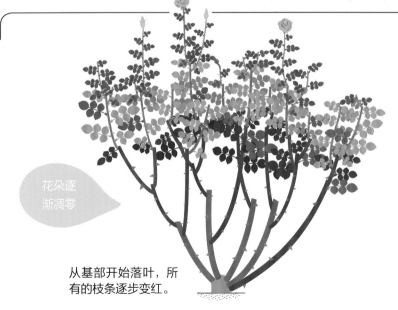

花朵逐渐凋零

从基部开始落叶，所有的枝条逐步变红。

在寒冷中玫瑰的生长变得迟缓，枝条基部开始掉落叶片，植株也会渐渐变成红色。新枝条完全停止生长，植株内部开始充实。这个时候，即使枝条顶部顶着饱满的花蕾也不会开花。

但是，残余的叶片会继续进行光合作用，在阳光和严寒中继续为植株储存养分，为冬季换盆和修剪做准备。

12月的工作 控水防止土壤冻结

控水

无论是盆栽还是地栽，进入12月后就需要开始控水。土壤潮湿的话会冻结，损伤玫瑰的根系。

轻轻挖开土壤表面，检查土壤的湿润程度后再进行控水。

充分暴露在阳光和严寒中

枝条在严寒中会变得坚硬，经过阳光和低温的考验，枝条会长得更加紧密结实。

冬季呈红色的枝条。

本月的养护

 浇水 轻轻挖开表层土检查土壤的状态，在感觉干燥前都要浇水。

 追肥 施加一次富含钙的肥料（液肥也可），让枝条充实变硬。

 病虫害对策 需要强化的月份 病菌和害虫会在落叶和花蕾中过冬，所以要扫除地面的落叶和花蕾。特别要注意象鼻虫的幼虫会躲在花蕾中过冬，很难清除。

  换盆（▶P63）。

其他 回剪（▶P51）、大苗的移栽（▶P55）。

盆栽玫瑰的防冻措施

在寒冷地区，为了不让盆土冻结，可以在白天将花盆搬到阳光下晒暖。为了避免花盆侧面受寒风吹袭，推荐使用套盆（▶P34）或假植花盆以提高保温效果。花盆不能移动时，可以在盆里铺上稻草等覆盖物，保温效果也很好。

由于病菌和害虫会在稻草下面越冬，所以到了春季就要去除稻草。

停止工作，做事适可而止也同样重要

* 藤本玫瑰12月的工作见P96~102。

1月 盆栽玫瑰的换盆

度过了一段严寒之后终于进入真正的寒冬，能晒到阳光的时间越来越少，此时正是对休眠期中的玫瑰进行冬季养护的决胜时期。为了让植株在春季开出大量的美丽花朵，要将植株体积大于花盆的玫瑰换盆，发生根结现象的玫瑰则应在1月中旬进行换盆以促进根系新生。

落叶后进入休眠期的盆栽玫瑰，正是最适合换盆的时期。

1月的玫瑰

该是开始睡觉的时候啦

玫瑰残留的叶片直到冬季修剪前的1~2周还会进行着光合作用。

枝条上端仅存的叶片转变成红色，枝条从开始落叶的部分起逐渐变红。如果植株出现了这样几乎没有生长迹象的症状时就说明植株进入了休眠状态。

休眠期中的玫瑰即使根系被碰断、损伤也无妨，这是最适合换盆促进根系新生的时期。只要检查玫瑰的健康状态，根据植株的状态适时换盆即可。

1月的工作 根据植株的健康状态，对盆栽玫瑰进行换盆

STEP 1 检查植株和花盆的大小比例▶P60

STEP 2 检查是否有根结▶P60

STEP 3 检查枝条的颜色是否健康▶P61

STEP 4 换盆前的准备工作▶P62

STEP 5 根据植株的状态进行换盆▶P62~64

小型花盆可以1~2年换一次盆，大型花盆则可以2~3年换一次盆

本月的养护

浇水　控水，直到土壤干燥时浇水。

追肥　不需要。

病虫害对策　枝干上如果发现有介壳虫，用旧牙刷等将其刷落后再喷洒药剂。

其他　防冻措施(▶P57)。
如果不需要换盆，可以在修剪前1~2周将叶片、花蕾和花朵全部摘除(▶P68)、冬季修剪(▶P68~73)、大苗的移植(▶P55)。

* 藤本玫瑰1月的工作见P96~102。

STEP1 检查植株和花盆的大小比例

如果发现植株和花盆的大小比例失调，必须立即进行换盆。

比起宽大的"矮胖"花盆，玫瑰更喜欢待在"高瘦"的深盆里生长(▶P19)。花盆和植株高度的大小比例在1：1~1：2最为适宜。当玫瑰植株开始大幅快速生长之后，正是换盆的最佳时机。如果玫瑰在春季到来时仍旧"蜗居"在过小的花盆里，那么不仅根系与枝条的生长比例会失调，而且浇水后土壤也容易干燥，追肥的效果也会减半。

STEP2 检查是否有根结

Point

换盆有利于根系的新生

粗壮的根系如同是给枝叶输送养分和水分的"水管"一样。细长的根系意味着输送到枝条顶部和叶片的距离过长，使得养分和水分无法及时输送，玫瑰容易生长发育不良。

换盆后较长的老根系不会继续生长，新的根系则会快速从植株底部长出，从而提高了输送养分和水分的效率。

细长的"水管"变短后，养分和水分会更容易在枝条内部流动

盆栽的玫瑰如果几年都没有进行换盆的话，花盆中的根系就会盘结疯长，这种现象称为"根结"(▶P46)。换盆的频率以小盆1~2年一次，大盆2~3年一次为宜。用木棒检查土表是否有根结的现象，一旦发现有根结的现象应立即进行换盆。

《 不用将玫瑰拔出花盆就能检查根结的方法 》

☐ 用刮刺表土，发现土壤松脆时

用木棒刮刺表土，如果土壤松软且枝条没有变成黄色则说明没有根结。

➡ 可以在春季后再换盆

☐ 有根系从花盆底部孔中长出

有大量根系从花盆底部的排水孔中伸出的话就说明有根结现象发生。

➡ 应立即换盆

☐ 表土坚硬到无法用木棒刺下去

用木棒在植株根部或花盆中间部分刮刺一两处，如果表土坚硬到无法刺入就说明有根结现象发生。

➡ 应立即换盆

STEP 3 检查枝条的颜色是否健康

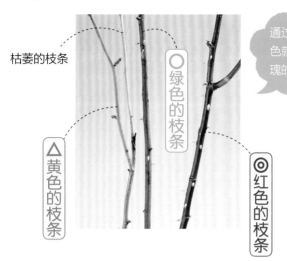

枯萎的枝条

○绿色的枝条

△黄色的枝条

◎红色的枝条

通过枝条的颜色就能了解玫瑰的健康状态

和我们利用脸色来判断健康状态的原理一样，通过诊断冬季枝条的颜色就能大致了解玫瑰的健康状态。植株的健康和根系有着密切关系，察看枝条的颜色就能进行健康诊断并配合植株的状态调整种植方法，以促进植株根系生长，并在来年春季冒出大量壮芽。

○ 有着许多绿色枝条的植株

健康

在阳光的照射下，枝条内存储了大量的营养。由于栽培方式、环境和品种不同，健康的植株也会有枝条变红的情况发生。如果发现花盆和植株的大小比例失调或是有根结现象，则应进行换盆移植。(▶P62)

长势不好的玫瑰与健康的玫瑰换盆的方法也不同

◎ 有着许多红色或变红枝条的植株

非常健康

枝叶在大量阳光照射后，植株充满了积蓄的营养。如果发现花盆和植株的大小比例失调或是有根结现象，则应进行换盆。(▶P62)

△ 有着许多黄色和黄绿色枝条的植株

状态不良

由于光照不足、病虫害等原因造成的。植株整体受损时必须进行换盆(▶P64)。

STEP 4 换盆前的准备工作

将有着花朵、花蕾和新芽的枝条从顶部回剪5~10cm。

用手将叶片向下用力掰掉。

健康诊断为◎和〇的健康玫瑰，在换盆之前需要将叶片全部摘除。带有花朵、花蕾和新芽的枝条也需要从顶部回剪5~10cm。这样就能减少水分的蒸发，抑制花芽的生长，为植株进入休眠期做准备。最后将枯萎的枝条全部清除，准备工作就完成啦。

STEP 5 ◎〇 将健康的玫瑰移栽到大一号的花盆里

有着许多红色和变红枝条的玫瑰◎、有着大部分绿色枝条〇的玫瑰，由于根系发育良好，所以只需进行基本的换盆即可。

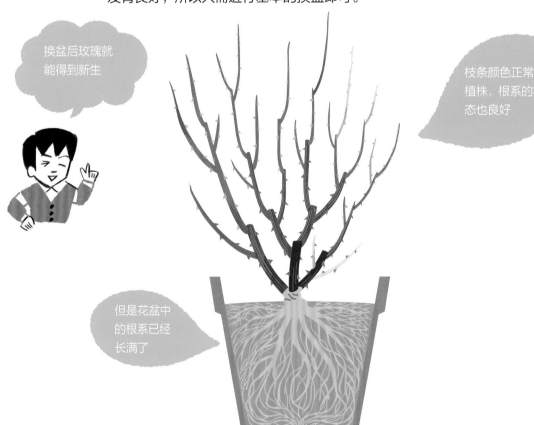

换盆后玫瑰就能得到新生

枝条颜色正常的植株，根系的状态也良好

但是花盆中的根系已经长满了

掌握换盆的基本方法

修剪掉较长的老根
并弄散根系后就能
促进新生

上方的根系
已结成块

1

握住植株基部，从花盆里拔出。用剪刀剪掉花盆底部伸出的根系。由于护根土上方2~3cm厚的细根结成土块，应从下往上扯松土壤。

2

用剪刀呈十字形刺入护根土的底部，这样可以很容易地弄散土壤团。

一口气

3

将手指伸入十字形疏松的部分，将底部到侧面的根系向上撕裂。

像按摩头
皮一样弄
散土团

4

弄松并去除1/3~1/2的根团。

5

修剪掉过长或是受损的根系，调整根系的长度。

将根系松
展开来

6

在新花盆里铺上滤网和碎石子直至看不见底部排水孔。放入添加了底肥的玫瑰专用土，将松散的根系展开铺在花盆的中央。

换盆的诀窍

- 把护根土的上方、底部和侧面结成块的根系除掉
- 弄散并去除1/3~1/2的根团
- 修剪掉过长或者受伤的根系
- 换盆后分充分浇水两次，使护根土和新的土壤紧密接触

嫁接部分不
要埋到土里

7

将培养土添加至花盆边缘3~5cm处。轻轻地摇晃花盆，使土壤充分填充到根系之间。

以喷淋的方式充分浇水直至有水从花盆底部流出，待水流出后再充分浇一次水。

清爽干净

8

63

▲ 将长势不佳的植株移栽到小盆

有着许多黄色和黄绿色枝条、长势不佳的玫瑰，必须立即进行换盆。从盆中拔出根植

株后如果发现根系良好，那么只需要按◎○一样的基本换盆方法即可（▶P63）。

如果发现有少许根系损伤的情况，则应将植株移栽到直径小1号的花盆里。

换盆的诀窍

- 修剪掉受损和过长的根系
- 在活力剂中浸泡30分钟左右
- 移栽到小一两号的花盆里

长势不佳的植株换盆法

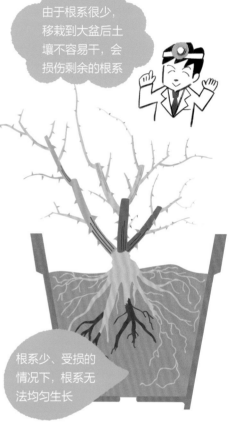

由于根系很少，移栽到大盆后土壤不容易干，会损伤剩余的根系

剪掉全部变黄和枯萎的枝叶

根系少、受损的情况下，根系无法均匀生长

1
从花盆里取出植株并轻轻抖落根系周围的土壤。用剪刀修剪掉受损变黑或过长的根，摘除枯萎的枝叶。

2
为了促进根系生长，应将根系浸泡在稀释后规定量的活力剂中30分钟左右。

3
移栽到小一两号的花盆里并用玫瑰专用土种植。施加活力剂直到有水从花盆底部流出来。

STEP UP ↗

适合大盆的"懒人"换盆法

补充新的培养土

挖开三四处地方的土壤

替换部分土壤也能够促进根系新生

10号以上的大花盆种了玫瑰之后很重，所以换盆十分困难。这种情况下，推荐使用挖出部分旧盆土，添加富含营养的新土的换盆方法。

但是，这种方法仅适用于生长状态良好、没有根结情况的玫瑰。如果有金龟子幼虫等害虫（▶P39）使根系受损的情况，则应将植株从花盆内拔出移栽到小1号（1号=3厘米）的花盆里。

用小铲子等间距地挖出三四个小坑，重新埋入添加了底肥的玫瑰专用土。

△让状态不良的地栽玫瑰获得新生

除了检查枝条颜色，还应检查植株根部的情况

地栽玫瑰和盆栽玫瑰一样可以通过枝条的颜色来进行健康诊断。当黄色、黄绿色枝条较多，整体长势不良时，需要改善浇水和光照，让植株在冬季修剪（▶P68~73）前恢复活力。

1 植株根部下沉 ➡ 改善"浇水"环境

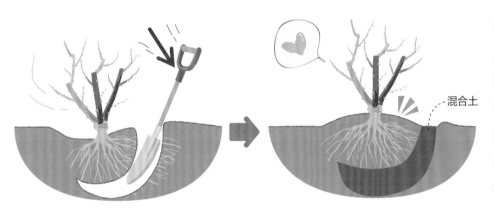

混合土

用铁锹将土铲起，利用杠杆的原理将整棵植株翘起。

在间隙中加入按1∶1的比例混合好的土壤和带底肥的新玫瑰专用土。

植株根部下沉的话不仅容易积水，而且也易造成根系腐烂和病虫害的发生。如果发生这种情况，除了将植株撬起添加混合土以改善根部下沉的情况，还可以将玫瑰移栽到7号盆内（▶P63），摆放到光照、通风良好的地方，1年后重新移植到花园中。

2 植株没有下沉的情况 ➡ 改善"光照"

在光照不足的地方，需要修剪调整周围的植物以确保玫瑰获得充足的光照。

在高温、干燥的地方，在地面铺上秸秆等覆盖物。

当植株根部处于强烈光照、高温、干燥的环境中时，可以通过在植株的周围种植草花或铺上秸秆等地表覆盖物来改善环境。

当光照不足时，则可以通过修剪周围的植物来改善光照。也可把玫瑰移栽到花盆里栽培，搬到环境良好的地方"休养"1年左右。

2月

冬季修剪后的华丽盛开

在植株完全处于休眠时进行修剪有利于植株的新生。冬季的修剪能够保证玫瑰在春季开出华丽的花朵。2月底地温逐渐回升后玫瑰就开始抽芽，所以一定要在2月中旬之前完成冬季修剪。

冬季修剪后的短枝条，会在来年春季长出健康饱满的花芽并开出大量的花朵。这对于四季开花的直立型玫瑰来说是最重要的工作。

2月的玫瑰

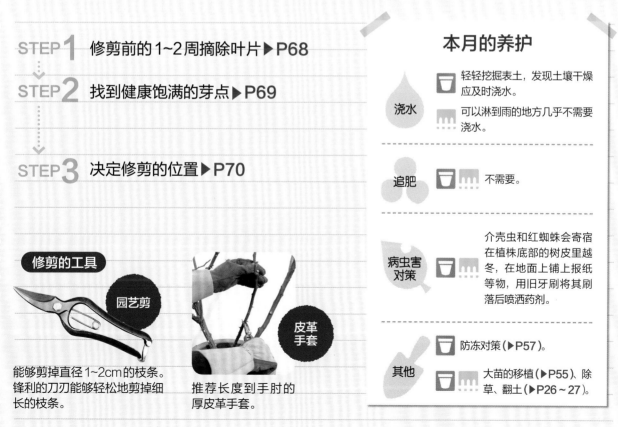

修剪后干净利落

冬季修剪后的样子。这是1年中植株株形变得最紧凑的时期。2月下旬玫瑰开始抽出新芽，在春季生长出柔嫩的枝条，植株获得新生。

11月中旬到来年2月中旬是玫瑰根系进入休眠，存储养分的时期。在休眠期间内进行"理发"式的修剪不仅能减轻植株的负担，也能让玫瑰恢复活力，是修剪的最佳时期。

但是，2月下旬以后，根系积累的营养开始向枝条顶部输送，植株开始生长。如果这个时期进行修剪，积累的营养会随着被修剪的枝条一起流失，会对植株生长造成较大影响。

需要注意的是，秋季种植的大苗不需要进行冬季修剪。

2月的工作 在中旬前完成修剪让植株获得新生

STEP 1 修剪前的1~2周摘除叶片 ▶ P68

STEP 2 找到健康饱满的芽点 ▶ P69

STEP 3 决定修剪的位置 ▶ P70

本月的养护

浇水　轻轻挖掘表土，发现土壤干燥应及时浇水。

可以淋到雨的地方几乎不需要浇水。

追肥　不需要。

病虫害对策　介壳虫和红蜘蛛会寄宿在植株底部的树皮里越冬，在地面上铺上报纸等物，用旧牙刷将其刷落后喷洒药剂。

其他　防冻对策（▶P57）。

大苗的移植（▶P55）、除草、翻土（▶P26~27）。

修剪的工具

园艺剪

能够剪掉直径1~2cm的枝条。锋利的刀刃能够轻松地剪掉细长的枝条。

皮革手套

推荐长度到手肘的厚皮革手套。

＊藤本玫瑰2月的工作请见P96~102。

STEP **1**　修剪前的1~2周摘除叶片

将叶片从根部向下用力、完整地掰掉。如果枝条还留有花蕾、花朵和新芽的话，就从顶部开始回剪5~10cm。

　　除了1月移栽的盆栽玫瑰需要摘除叶片之外，地栽的玫瑰在冬季修剪前1~2周也需要摘除全部的叶片。玫瑰一旦没有了叶片，枝条顶端就会立即停止生长，开始"休眠"。进入休眠期后，营养会停止输送到枝条顶部，其他分枝的营养会集中保留在基部。此时再修剪枝条，营养就不会被浪费。

Point

为何修剪后的玫瑰开花更好?

修剪后枝条变短，营养输送的距离变短，此外，将还未长粗的枝条修剪掉，很容易长出饱满的新芽。相反，如果没有进行修剪，营养会被长距离运输到细长的枝条顶端，导致植株难以抽长出新芽。
玫瑰红色、坚硬的芽点能够长成粗壮的健康枝条。修剪

掉秋季长出的细嫩枝条，剩下的营养会充实剩余的枝条，保证芽点强健生长，令植株重返年轻活力。
调整枝条的高度，让玫瑰在视线高度开花，便于观赏，这也是修剪的重要目的。

没有进行冬季修剪的情况

营养输送距离变长，枝条变细，抽新芽的能力变弱，导致开花量变少。

进行冬季修剪后的情况

由于营养输送距离变短，新芽长势良好并一齐生长，开出来的花朵也更加美丽。

STEP 2 找到健康饱满的芽点

修剪到植株 1/3~1/2 的高度，在这个位置附近寻找良好的芽点

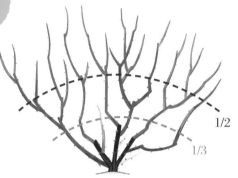

1/2

1/3

健康植株的冬季修剪，基本需要剪切到整体株高1/3~1/2的高度，让植株根部存储的营养输送到枝条顶部的距离变短，玫瑰在春季就能长出饱满的新芽。

此外，初春的红色芽点会长出健康饱满的新芽，所以在红色芽点上方修剪非常重要。芽点的饱满程度可以根据形状判断，好好观察并寻找合适的芽点吧。

✕ 病弱的芽点

黑色的芽点
黑色枯萎的芽点，不容易长出新芽。

双子芽
营养分散，芽点无法饱满地生长。

切痕
即使回剪到曾经用剪刀剪切过的上方，也不会有新芽长出来。

突出的芽点
突出的芽点，易受寒受损，不易生长出新芽。

◯ 健康的芽点

笋状芽点
厚实的笋状芽点，是饱满的芽点。

隐藏的芽点
由于冬季寒冷而隐藏起来的芽点，在初春会生长出良好的新芽。

Point

检查芽点的朝向

检查芽点的生长方向，想像未来枝条生长的方向后决定剪切的位置。

STEP 3 决定修剪的位置

冬季修剪的诀窍

- 首先，从根部剪去枯萎和比牙签还细的细小枝条
- 修剪到整体株高1/3~1/2的高度为宜
- 在饱满的芽点上方剪切枝条
- 粗壮的枝条需要稍微重剪

决定了修剪的位置之后，就开始用剪刀来进行挑战吧。在健康芽点的上方修剪就不会导致枝条枯萎。修剪时需要带着厚的皮革手套（▶P67）来握紧带刺的枝条，修剪的工具以能够剪掉粗为1~2cm枝条的剪刀（▶P67）为宜。

首先，从简单的操作开始，剪除明显不会开花的枯萎枝条和比牙签还细的枝条。然后，在饱满的芽点上方一根根仔细修剪，让植株形成自然的扇形。

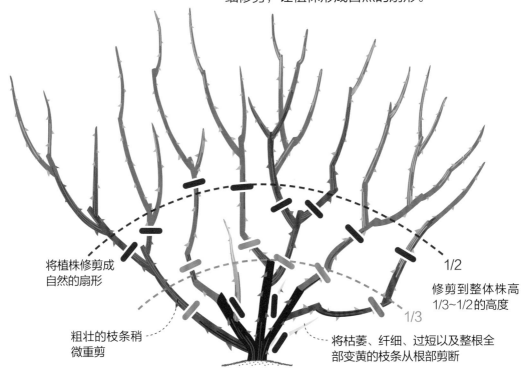

将植株修剪成自然的扇形

1/2

修剪到整体株高1/3~1/2的高度

粗壮的枝条稍微重剪

1/3

将枯萎、纤细、过短以及整根全部变黄的枝条从根部剪断

Point

从紧靠着芽点上方剪断

在健康的芽点上方0.5~1cm的位置开始水平地剪切枝条。水平剪切不仅伤口最小，也能将伤害降低到最小。
紧靠在芽点的上方，用剪刀水平地剪掉枝条。

Point

将没有健康芽点的枝条全部剪除

即使是粗壮的枝条，如果没有良好的芽点也应从根部整个剪切掉。若枝条太过粗壮，直径在2cm以上，可以使用小型的锯子从基部锯掉。

一起来修剪吧

STEP ❶ 摘除叶片

在修剪前的1~2周将所有叶片全部摘除。如果有花蕾和新芽的枝条也一并剪除。

STEP ❷ 决定剪切的位置

饱满的红色芽点。

在健康芽点的上方，剪到整体株高1/3~1/2的高度。

剪成这样就大功告成了

STEP ❸ 开始修剪

在STEP2决定的位置剪至只保留1根枝条。

STEP ❹ 完成修剪

自然的株形修剪完成。

一枝独秀型玫瑰的修剪方法

STEP UP

株形不佳的植株开花少

枯萎和变黄的枝条

去年春季长出的枝条

把去年春季长出的笋枝大幅回剪。从根部剪掉黄色、黄绿色和枯萎的枝条。

新芽开始生长，春季以后就会从根部生长出新的笋芽。可以用棍子来固定枝条。

新生的枝条能增加开花数

新生的枝条（笋枝）

一枝独秀型玫瑰是放任强壮的笋枝生长（▶P24）而形成的。这种笔直向上生长的枝条根部很难长出新芽，所以要在较低位置的红色芽点上方大幅回剪枝条，并且斜向牵引，以促进新的枝条从植株根部重新长出。

配合花朵的大小来进行修剪

STEP UP

对于初学者来说，能够将整体株高修剪到1/3~1/2的高度，并在良好的芽点上方进行修剪即为合格。如果要进一步提高修剪水平，可以配合花朵的大小、枝条能够承受花朵重量的粗细来进行修剪。

大花型 只保留比铅笔粗的枝条

> 剪成这样就是高水准的修剪者

1 在健康芽点的上方，修剪到整体1/2的高度。

2 只保留比铅笔粗的枝条，其余的枝条全部剪除。

3 将比铅笔细的枝条从根部全部剪除。

4 在饱满的芽点上方修剪调整整体的株高，大功告成。

Point

成簇开花的中花型玫瑰只需稍微修剪高度

枝条顶部成簇开花的中花型玫瑰（▶P18）与在1根枝条顶部只开1朵大花的大花型品种（▶P18）相比，细长的枝条更容易开花。因此，要在稍高的位置修剪，尽可能多地保留一次性筷子粗细的枝条。

成簇开花的中花型玫瑰，只需从上方剪掉1/3左右的高度即可。图片中的品种为'绣球'（Temari）。

中花型

保留比一次性筷子粗的枝条

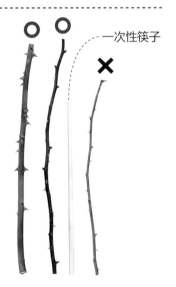

一次性筷子

小花型

保留比牙签粗的枝条

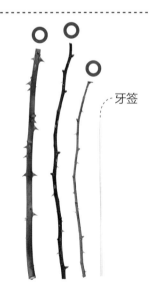

牙签

根据玫瑰的生长状态
来修剪枝条

进阶的修剪诀窍

- 根据生长状态、花朵的大小（▶P72）来改变修剪的高度
- 在红色、饱满的芽点上方进行修剪

同1月份盆栽玫瑰的移植一样，可以根据玫瑰枝条的颜色来判断植株大致的健康状态（▶P61）。除了遵循修剪的基本方法之外，还可根据植株的健康状态来进行修剪，能让玫瑰渐渐恢复活力或是令病弱的玫瑰重新充满生机。

这样做的话就完美了

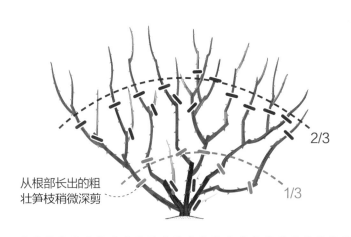

从根部长出的粗壮笋枝稍微深剪　2/3　1/3

有着许多红色或是变红枝条的玫瑰只需轻剪

根部或顶部变红的枝条是玫瑰十分健康的表现。轻微修剪就能开出花朵，所以根据个人喜好，剪到株高的1/3~2/3高度都可以！

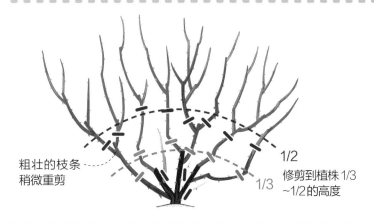

粗壮的枝条稍微重剪　1/2　1/3 修剪到植株1/3~1/2的高度

绿色枝条比红色枝条多的玫瑰修剪到1/3~1/2的高度

健康的玫瑰可根据基本的修剪方法（▶P70~71）修剪到植株1/3~1/2的高度，注意保留健康的芽点。

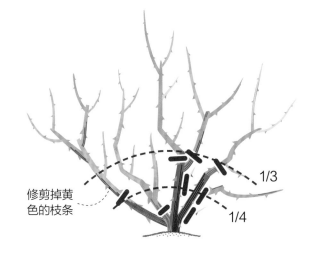

修剪掉黄色的枝条　1/3　1/4

有着许多黄色、黄绿色枝条的玫瑰应重剪到1/4~1/3的高度

由于光照不足或被病虫害危害导致状态不良的玫瑰，其黄色和黄绿色的枝条无法恢复健康，根部也无法储存营养，所以要像"理发"一样地修剪，促进养分回流到长出新芽的枝条上。在春季摘除无法开花的花蕾（▶P20），秋季再开始赏花。

73

3月

为春季开花做准备

虽然还是很寒冷，但已能感受到温暖的春风了。万物渐渐苏醒，玫瑰也开始生长。及时进行疏芽、除草、翻土和追肥等工作，为开花做最后冲刺的准备吧！这段时间是令人惊叹的春季美花的序章。

在冬季修剪后粗壮的枝条上生长出来的红色嫩芽。

3月的玫瑰

新冒出的枝条令植株换发新生

枝条开始生长，迎来了全新的玫瑰生长季。嫩芽逐渐长成茂密的新叶。

红色的嫩芽从早樱开花的时候开始急速成长。叶片慢慢变大，枝叶变得茂盛。这个时期的玫瑰植株生长快速，不要过多干扰它，静静关注其生长状态即可。但随着气温的上升，应注意防范病虫害的发生。

74

3月的工作 留意枝条的顶部就能开出好花

STEP 1 回剪顶部花芽发育不良的枝条

即使在冬季修剪时保留了健康的芽点，在来年春季仍然会有芽点冻伤、枝条枯萎等造成枝条顶部花芽无法良好生长的情况发生。这种情况下，就需要将枝条回剪到有强壮嫩芽的地方。养分和水分就可以集中供应到长势旺盛的花芽，从而开出良好的花朵。

第二个嫩芽
（健康的花芽）

顶端的嫩芽
（长势不良的花芽）

与第二个嫩芽相比，顶端的花芽长势不良，要在健康的第二个嫩芽上方回剪。

本月的养护

浇水　　盆土表面干燥后应充分浇水。

淋得到雨的地方几乎不需要浇水。

追肥　　在植株的周围放置适量的缓释型肥料，轻轻与土混合（▶P26～27）。

病虫害对策　3月中旬，枝条顶部可能会被蚜虫和白粉病危害，黑斑病也开始活动。金龟子和介壳虫的幼虫也从冬眠中苏醒，开始啃食根系和枝条。需要尽早采取预防措施。

需要强化的月份

其他　　防冻对策（▶P57）。

除草、翻土（▶P26～27）。

STEP 2 同一个部位同时长出数个嫩芽时，只保留最健康的嫩芽

在同一个部位同时长出数个嫩芽时，会分散营养导致花朵无法很好地开放，这种时候需要进行疏芽。当最健壮的花芽长到5~10cm高时，摘除其他的嫩芽，使养分集中。疏芽后，应保证良好的通风和足够的光照。

保留的嫩芽

保留健康的嫩芽（中间），从根部摘除其余的嫩芽。

留意枝条顶部，到开花都要细心照顾

＊藤本玫瑰3月的工作请见P103。

75

4月

春天来啦!
呵护幼嫩的花蕾

当早樱盛开之后,玫瑰枝条顶部小小的花蕾开始变得饱满起来,花蕾顶部也渐渐显露出花色。这是酝酿了整整1年的玫瑰回报我们的时刻。距离5月的玫瑰盛开季仍有一段时间,一起翘首期盼梦想的实现吧!

4月的玫瑰

离开花只有最后一步

嫩芽从枝条顶部伸展出来,花蕾则日渐膨胀起来。

花苞日渐膨胀充实,即将开花的季节令人充满期待。俗话说,"欲速则不达",酝酿花蕾对植株来说是件精细、谨慎的活儿。保证环境不会突然变化很重要,对盆栽玫瑰来说尤为关键。放置地点的变化、过多的水分和肥料供给会引起消蕾的反效果。这个时期的玫瑰,最需要耐心的观察和等待。

4 月的工作 保证孕育花蕾的环境不变，等待花开

过度的保护或者疏于管理都会导致消蕾

注意盆栽玫瑰的水分管理

突然供给过多的肥料、水分会使好不容易结出的花蕾消蕾，但如果疏于管理导致严重缺水也会让玫瑰消蕾。盆栽玫瑰特别需要注意水分管理，要坚持一如既往的养护。

花蕾和新芽突然干枯时应检查是否有象鼻虫

体长2~3mm的象鼻虫会危害幼小的花蕾和嫩芽。由于它们仅靠触口固定身体，所以只需轻轻摇晃枝条就能将虫子抖落到盛满水的器皿中捕杀。

本月的养护

浇水
- 轻挖盆土表面发现土壤干燥后应充分浇水。
- 淋得到雨的地方几乎不需要浇水。

追肥
- 根据生长的情况适当施加液体肥料。
- 不需要。

病虫害对策
需要强化的月份
- 当发现蚜虫、地老虎夜蛾（幼虫）、切叶蜂（成虫）和象鼻虫（成虫）等害虫时应对症下药。发现花蕾和叶片出现白粉（白粉病）时应及时喷洒药剂。

其他
- 新苗购买和移栽（▶P20~21）。
- 除草、翻土（▶P26~27）。

正在吸取花蕾汁液的象鼻虫（黑色斑点）成虫。

被象鼻虫吸取汁液后枯萎的花蕾。

由于碰触就会松口掉落，可以通过摇晃枝条将象鼻虫抖落到盛满水的器皿中捕杀

*藤本玫瑰4月的工作请见P103。

养护盲点

平时进行的浇水和施肥等养护工作，如果能掌握些诀窍，就可以产生截然不同的效果。通过这个机会，我们来说明一下养护的正确方法。

盆土表面干燥时最佳的浇水时机是?

玫瑰的根系非常不喜欢潮湿的土壤。有时即使四周的盆土干燥，中间的部分可能依旧潮湿，尤其是冬季土壤不容易干燥。"盆土表面干燥时应充分浇水"的正确理解是浇水前应用手轻轻挖掘表面的土壤，确认中间的土壤干燥后再浇水。

如果中间的土壤也干燥的话，就应充分浇水直至有水从盆底流出。如果没有完全干燥的话则等第二天再开始浇水。

肥料只需放在表面就有效果了么?

固体肥料中的养分，被水溶解后随着水分渗进土壤从而被植物根部吸收。因此，将干燥的肥料放在土壤的上方会使肥效减半。追肥时在肥料的上方覆盖土壤不仅能防止干燥，也有利于肥料与水充分接触。

盆栽时将肥料分成3堆摆放。地栽时则在植株周围放一圈肥料。

将培养土充分盖在肥料上再浇水，能提高肥效。

施加固体肥料后就不需要施加液肥了吗?

植株生长必需的养分（主要是氮肥、钾肥）会随水分流失。特别是盆栽玫瑰的浇水次数多，会令肥料的流失加重。即使定期定量地添加固体肥料，玫瑰叶色也会变淡，这是缺肥的表现。因此，除了固体肥料，还要及时地喷洒或浇灌速效性液肥以补充植物所需的营养。

肥料不足时叶片变黄的植株（左）和正常的植株（右）。

第3章

修剪藤本玫瑰的乐趣
藤本玫瑰的种植方法

枝条能够伸展的藤本玫瑰，非常适合牵引到篱笆、拱门和亭子
等建筑物上，这样能制造出花朵犹如瀑布般的美景。

'戈德的玫瑰'（Gaard um Titzebierg） *JBP–H.Imai*

适合新手的藤本玫瑰

想要制造出花朵铺天盖地的效果，可以尝试种植藤本玫瑰。
冬季将长长的枝条牵引到篱笆、拱门和亭子上，
春季就能享受繁花似锦的美景。

<table>
<tr><td>🪣</td><td>= 适合盆栽</td></tr>
<tr><td>🧱</td><td>= 适合地栽</td></tr>
<tr><td>🪟</td><td>= 适合篱笆</td></tr>
<tr><td>🚪</td><td>= 适合拱门</td></tr>
<tr><td>🏛</td><td>= 适合亭子</td></tr>
</table>

大花型

令人印象深刻的花朵，可以稍微远距离观赏。搭配中花型和小花型玫瑰一起种植能给人柔和印象。

'藤本法兰西'
(La France Climing)

花朵直径8~10cm，枝条长度2.5m，强香。
四季开花的直立型玫瑰的经典品种'法兰西'的藤本版。枝条直立且容易伸展。

Keihan Gardening

'龙沙宝石'（Pierre de Ronsard）

花朵直径10~12cm，枝条长度2.5m，微香。
在春季大量开花的经典品种，秋季也能欣赏到少许花朵。枝条粗壮，生长旺盛。

'桃心'
(Peche Bonbons)

花朵直径8~10cm，枝条长度1.8~2.5m，强香。
淡奶油色混杂着粉色、杏色的杯状花。向上开花时适合稍微离远一点儿看。具有甜美的水果香。

'苹果核'（Apple Seed）

花朵直径8~10cm，枝条长度2.5m，强香。深杯状的花朵下垂开花，具有古典风情。散发强烈的大马士革香味。枝条纤细，容易弯曲。植株强健。

'西班牙美女'（Spanish Beauty）

花朵直径8cm，株高2.5m，强香。花瓣蓬松且空气感十足，略带灰色的深绿色叶片凸显出粉色的花朵。在贫瘠、干燥的花园里也能健康生长。散发浓郁的酸甜香。

'黄油硬糖'（Butterscotch）

花朵直径8~10cm，枝条长度1.8~2.5m，微香。成簇开放的牛奶咖啡色花朵垂挂于枝头。从上往下的牵引令人抬头就能观赏到花朵。在秋季也能重复开花。

'格拉汉·托马斯'（Graham Thomas）

花朵直径8~10cm，枝条长度1.8~2.5m，中香。黄色的杯状花成簇开放。枝条横向笔直伸展。具浓郁的茶香。

中花型

无论从远处还是近处都能观赏到花朵，适合新手种植的藤本玫瑰。

Keihan Gardening

'布罗德的记忆'
(Erinnerung an Brod)

花朵直径5~6cm，枝条长度2~3m，强香。
花色会渐渐从紫色变为紫罗兰色，花蕊为绿色。枝条纤细，容易修剪。耐寒性强。

小花型

数不尽的一朵朵小花成片开放，令花园变得十分华丽。非常适合与大花型、中花型玫瑰和铁线莲搭配种植。

'洛尔·达武'
(Laure Davout)

花朵直径3~4cm，枝条长度3~4m，中香。
莲座状的淡粉色小花成簇垂吊开放，花蕊为绿色。枝条柔软，稍微有横张性。与铁线莲搭配效果非常好。

'保罗·特兰森'
(Paul Transon)

花朵直径6cm，枝条长度3~4m，微香。
美丽的莲座状花朵中央有纽扣眼。花色会渐渐从鲑鱼粉色变为明亮的粉色。枝条柔软，容易伸展。耐寒性强。

Keihan Gardening

Keihan Gardening

Keihan Gardening

'亚斯米娜'
(Jasmina)

花朵直径5~6cm，枝条长度2m，微香。
令人怜爱的杯状花成簇垂吊于枝头开放，稍向上的直立型。纤细的枝条容易弯曲，生长强健，容易栽培。

'罗布里特'
(Raubritter)

花朵直径4~5cm，枝条
长度1.5~1.8m，微香。
花瓣紧凑，零散成簇开
放。花瓣呈心形。枝条
纤细，有横张性。适合
篱笆和低矮的亭子。推
荐在寒冷地区种植。

Keihan Gardening

JBP-M.Tsutsu

'雪雁'(Snow Goose)

花朵直径3cm，枝条长度
2~2.5m，微香。
白色成簇的小花可以从春季
一直开到深秋。枝条纤细，
刺较少，易于牵引。抗病性强。

'宇部小町'
(Ubekomachi)

花朵直径2~3cm，枝条长度
1.5~2m，微香。
淡粉色的小花成簇大量开放。
生长速度快，易生新枝，枝条
纤细，易于牵引。既耐寒也耐
热，抗病性强。

Keihan Gardening

小知识

🌹 香味的分类

大马士革香
香料的原料成分，有着浓厚华丽的甘甜味，是大多数
古老玫瑰的代表性香味。

柑橘香
具有橘子和柠檬等柑橘系的清爽香味。

茶香
优雅、高贵的香味，大多数中国原生玫瑰及现代玫瑰都
具有茶香。

水果香
现代玫瑰的大马士革香和茶香混合的高雅香味。

香料味
如同丁香般的辛辣香味。甜美中又带有刺激的香味。

5月

一起来种植藤本玫瑰

去年冬季牵引到篱笆和亭子上的藤本玫瑰在5月绽放出华美的花朵，庭院中充满了玫瑰的香气。藤本玫瑰的魅力正在于能够营造出壮观的景色。为了让来年的美花令人过目难忘，开始种植玫瑰吧！

奶白色中略微带有淡绿色的'龙沙宝石'(Pierre de Ronsard)和通透的纯白色'藤本冰山'(Iceberg climbing)。非常适合打造出立体的景观效果。

JBP–H.Imai

5月的藤本玫瑰

在开花期买入藤本玫瑰

开始种植

出售的盆栽藤本玫瑰开花株，推荐新手购买。

一季开花的藤本玫瑰只会在春季开花，由于开花期间枝条停止生长，所以没有特别需要做的工作。这段时间就静下心来欣赏花朵吧。从远处眺望花朵盛开的美景，在头脑中慢慢构思"在这里也应该有花开""这样牵引也不错"，做一个来年的玫瑰牵引计划吧。

初次种植藤本玫瑰的新手，则推荐从盆栽的开花株开始种植。

5月的工作 从开花株开始种植

STEP **1** 购买盆栽的开花株玫瑰▶P86

STEP **2** 开始赏花▶P86

STEP **3** 花谢后进行回剪▶P86

STEP **4** 移栽到喜欢的花盆中▶P87
　　　　 种植到花园里▶P87

基本的操作与四季开花的直立型玫瑰一样

本月的养护

浇水
土壤表面干燥时，充分浇水直至有水从花盆底部流出。

不需要。轻轻挖掘发现土壤干燥后，充分浇灌植株的周围。

追肥
5月上旬到6月中旬施加1次适量的缓释型肥料（▶P26~27）。

病虫害对策
放任残花不管，容易发生灰霉病。发现害虫时应及时诱捕。

其他
摘除残花、回剪（▶P86）、盆栽玫瑰的换盆、移栽到花园（▶P87）、新苗的摘蕾和摘花（▶P20）、新苗的移栽（▶P21）。

* 四季开花的直立型玫瑰5月的工作请见P16~21。

STEP 1·2 购买开花株，开始赏花

✔ 确认这些**要点**!

- ☐ 枝条粗壮且紧密
- ☐ 枝条多且茂盛
- ☐ 叶片多且呈健康的绿色
- ☐ 没有病虫害

开花株

K.Arishima

枝条较长的植株，将水分输送到上部的能力较强，植株的长势更好。

藤本玫瑰和直立型玫瑰一样，在春季能够买到盆栽的开花株。冬季藤本玫瑰也需要重剪，这种情况下无法与直立型玫瑰区分开来。因此，购买时必须确认品种。如果买枝条较长的长藤苗（▶P4），就能直接欣赏藤本玫瑰的美花。

STEP 3 花谢后进行回剪

成簇开花 摘除花朵

全部开完后回剪枝条

单枝开花

回剪到此处

花谢后为了不让植株感到疲劳，需要尽早回剪。和直立型玫瑰一样，单枝开花的植株只需回剪即可。成簇开花的则要依次摘除花朵，等到全部花朵都凋谢后再回剪枝条（▶P18）。不管是单枝开花还是成簇开花，都要根据开花的形式采取对应的工作。

Point

一季开花玫瑰的花后重剪

一季开花的玫瑰，由于无法开出第二轮、第三轮的花朵，所以在花谢后只需保留四五片叶片，重剪到和直立型玫瑰同样的程度即可。这样修剪的话，底部的枝条能得到阳光的充分照射。相反，如果只是轻剪，枝条垂吊下来造成阴影，容易导致病虫害，使得玫瑰的生长环境变得恶劣。

轻剪枝条可以产生树荫。

STEP 4 📦 移栽到喜欢的花盆里

花谢后，为了让根系更好地生长需要进行换盆。如果移栽到过大的盆里，盆土不易干燥，会造成根系损伤，因此应移栽到比原花盆直径大一两圈的花盆里。如果盆栽玫瑰生长时土壤很快干燥，则在出梅后立即移栽到直径大一两圈的花盆里。

移栽的诀窍

● 移栽的基本方法和四季开花的直立型玫瑰一样 ▶P19
● 不要一口气移栽到大盆里

支撑用的塔架和花格等枝条长长后再设置吧

🏡 种植到花园里

把藤本玫瑰的枝条弯曲后，植株下部就容易长出健康的笋枝。所以，尽可能将植物种植在枝条容易弯曲的位置。

种植的要点

● 移栽的基本方法和四季开花的直立型玫瑰一样 ▶P19
● 可以靠近篱笆种植，呈扇形地展开牵引
● 在拱门和塔架旁种植要保持一定间距

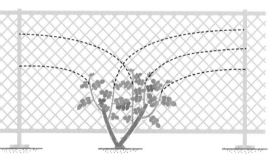

篱笆

在枝条可以平铺展开的篱笆边，靠近篱笆种植也能弯曲枝条。笋枝很快就会从植株下侧长出。

拱门和塔架

牵引到拱门和塔架时，需要保持一定间距来种植玫瑰，否则很难有笋枝从植株下侧长出。种植间距为40~50cm为宜。

6·7月

整理新生的嫩枝

在5月藤本玫瑰开完全年的花朵后，马上就迎来了梅雨季节。含有大量水分的枝条不知疲倦地生长，枝叶茂密旺盛。这个时候是新枝条生长的重要时期，也是利用藤本玫瑰制造出立体景观的机会。7月出梅后会立即迎来炎热的夏天。

生长出来的笋枝，直到冬季前都可以用绳子固定。

6·7月的藤本玫瑰

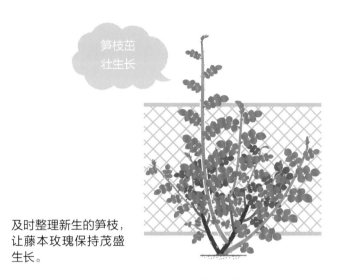

笋枝茁壮生长

及时整理新生的笋枝，让藤本玫瑰保持茂盛生长。

和直立型玫瑰一样，藤本玫瑰在6～7月也会疯狂地乱长枝条。如果放任不管的话，花园或阳台就会变成丛林一般。

因此，要把枝条修剪整齐，这样笋枝在来年春季会长成开出大量花朵的花枝。新生的笋枝，直到冬季前都应进行牵引并稍加固定，使其保持向上生长。

6·7月的工作　修剪新生的枝条

盆栽玫瑰笋枝的管理▶P90

地栽玫瑰笋枝的管理▶P90

能够熟练地修剪笋枝，就能种出茂盛的藤本玫瑰

6·7月的养护

浇水
表土干燥后应充分浇水。

梅雨时期不需要浇水。出梅后如果土壤干燥且枝叶下垂需要充分浇水。

追肥
施加固体化学肥料（5月施肥了就不需要）。根据盆栽玫瑰的生长状态适当追施液肥。

病虫害对策
需要强化的月份

梅雨季节需要通过控水来预防病虫害。在夏季前需要喷洒药剂，根据发现的害虫采取相应的措施。

其他
修剪笋枝（▶P90）、翻土、增添新土（▶P26）、换盆（▶P87）。

修剪笋枝（▶P90）、除草、翻土、覆土（▶P27）。

＊四季开花的直立型玫瑰6月的工作请见P22~27，7月的工作请见P28~31。

盆栽玫瑰笋枝的管理

枝条过长会导致植株倒伏，应在花盆里插入1根长支柱，用麻绳将枝条和支柱轻轻地绑缚固定在一起。

 # 地栽玫瑰笋枝的管理

枝条过长时可以插入支柱，用麻绳轻轻将枝条和支柱绑缚固定在一起，让枝条竖直向上，直至冬季正式牵引。

Point

为何要将枝条直立竖起固定？

藤本玫瑰的枝条具有弯曲后停止生长的特性，保持枝条直立，能够避免枝条停止生长。此外，枝条直立能增强光照和通风，可以促进叶片变硬。叶片变硬后能够抵御病虫害的侵害，促进植株健康生长。

笋枝在冬季前都保持直立的状态有利于其长成健康的枝条

种植2~3年的植株的强健笋枝管理

剪掉老枝条后，整理新的笋枝，否则开花状态就会变差

已经初具规模的藤本玫瑰，应及时修剪老枝条，保持株形整洁。在粗壮的笋枝变得乱七八糟之前，稍微对其进行固定，直至冬季牵引。

靠近篱笆栽培的玫瑰

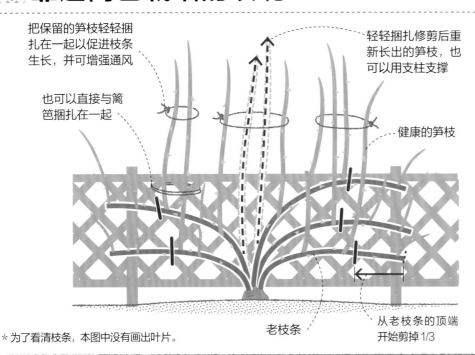

把保留的笋枝轻轻捆扎在一起以促进枝条生长，并可增强通风

也可以直接与篱笆捆扎在一起

轻轻捆扎修剪后重新长出的笋枝，也可以用支柱支撑

健康的笋枝

老枝条

从老枝条的顶端开始剪掉1/3

＊为了看清枝条，本图中没有画出叶片。

将前面牵引的老枝条剪掉约1/3的长度，保留健康的笋枝，并将枝条都收进篱笆里。为了防止剩余的笋枝下垂阻碍生长，应将笋枝集中向上捆扎在一起，直到冬季正式牵引（▶P99）。

一起来整理笋枝

1

将乱长的笋枝立起来。

2

轻轻地将枝条向上捆扎在一起。

间隙

3

冬季前都保持这个状态。保证枝条和篱笆有一定间隙以通风透气，预防病虫害的发生。

🏛 装饰拱门的玫瑰

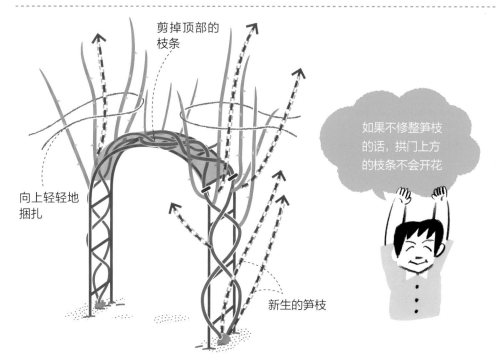

剪掉顶部的枝条

向上轻轻地捆扎

新生的笋枝

如果不修整笋枝的话，拱门上方的枝条不会开花

拱门顶部的老枝条需要修剪，这样，植株根部和中间才能长出新的笋枝。将新生的笋枝轻轻地向上直立捆扎（▶P99），这样拱门的内侧就能照射到阳光，笋枝才能健康生长。

🏛 盘绕塔架的玫瑰

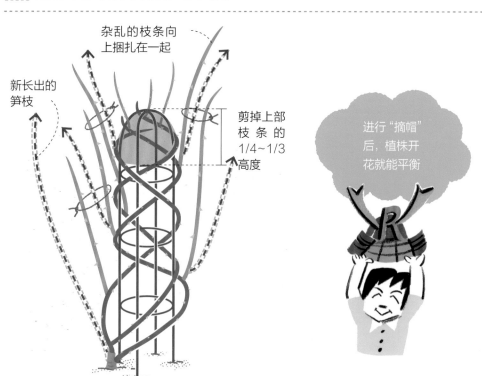

杂乱的枝条向上捆扎在一起

新长出的笋枝

剪掉上部枝条的1/4~1/3高度

进行"摘帽"后，植株开花就能平衡

剪掉植株整体高度的1/4~1/3，就能促进植株的根部和中部长出新的笋枝。枝条下垂的话，可以向上捆扎固定直到冬季牵引。这样，整个花架都能充分享受到光照，每根笋枝都能健康生长。

木香的修剪

藤本玫瑰的"好搭档"木香，笋枝容易乱长，放任不管的话会在秋季变成"绿色巨人"。如果修剪时间不正确，则来年会看不到春花。重瓣白花木香要特别注意这一点。

为了防止笋枝疯长，并在来年能看到大量春花的诀窍是在出梅后至8月期间将粗壮的笋枝剪掉，这样就能促进植株抽发新枝条，也更容易结出花蕾。

重瓣黄花木香
单瓣的黄花木香具有香气，但重瓣的却没有。入秋后将黄木香重剪后更容易开花。

重瓣白花木香
木香通常指的是白花木香。有单瓣和重瓣两种，都具有香气。重瓣的白木香在9月以后修剪的话，来年会看不到春花。

修剪的诀窍

- 出梅后到8月之间进行修剪
- 将粗壮的笋枝修剪成树形
- 保留小枝条

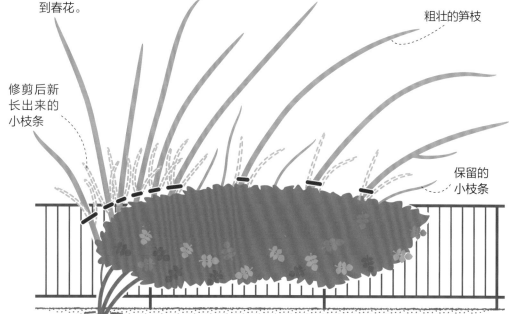

粗壮的笋枝

修剪后新长出来的小枝条

保留的小枝条

出梅后要剪掉粗壮的笋枝

重瓣的黄花木香。将乱长的笋枝修剪成树形后，就能促进枝条结出更多的花蕾。

93

8·9月 藤本玫瑰的越夏对策

8·9月的藤本玫瑰

一旦长出笋枝，株形会立即变得丰满

6～7月修剪笋枝后就会长出新的笋枝，将这些枝条整理后并捆扎固定。

藤本玫瑰的叶片很茂密，自身就能制造绿荫来降温，因此，比直立型玫瑰耐热。即便如此，为了能安全地度过高温干燥的夏季，还是要做好盆栽及地栽的藤本玫瑰的越夏保护措施（▶P34~37）。这样，即使植株根部的老叶片变黄掉落，只要没有黑斑，也是正常的（▶P38）。

8·9月的主要工作

整理伸展的枝条

进入9月后，夜晚气温开始下降，伸展的枝叶会导致周围的光照和通风恶化，因此，应将新枝条向上捆扎固定。

藤本玫瑰

四季开花的直立型玫瑰

需要特别注意的是，如果周围种有四季开花的直立型玫瑰，藤本玫瑰伸展开的枝条会挡住阳光，造成直立型玫瑰无法开出秋花的情况。

8·9月的养护

浇水
早晚充分浇水。浇水能降低花盆内的温度。气温下降后，只需在土壤干燥时浇水。

土壤极度干燥的情况下，应在植株周围充分浇水。

追肥
根据生长情况适当施加液肥。

根据1年生植株的生长情况施加液肥。

病虫害对策
需要强化的月份

应注意金龟子和天牛的幼虫，9月还应留意黑斑病和白粉病。高温、干燥时期喷洒药剂后还应为叶片喷水以保湿。

其他
为了防止干燥，8月不需要铲除植株根部的杂草，到9月再进行除草。应对台风的对策（▶P47）。

10·11月 种植藤本玫瑰大苗

10·11月的藤本玫瑰

枝条生长速度变缓

除了移栽大苗以外，没有其他重要工作

藤本玫瑰和四季开花的直立型玫瑰一样，从秋季到冬季都可以买到大苗。由于枝条被修剪过，所以看上去很像直立型玫瑰。在购买时一定要确认是否为藤本品种。藤本玫瑰大苗的选择和种植要点与直立型玫瑰一样（▶P54~55）。

10·11月的主要工作

大苗的种植

秋季是开始种植新的藤本玫瑰的时期，一起购买大苗来种植吧。藤本玫瑰大苗的种植方法和四季开花的直立型玫瑰一样（▶P55）。种植时应注意不要碰伤根部，将根系舒展开后种植。

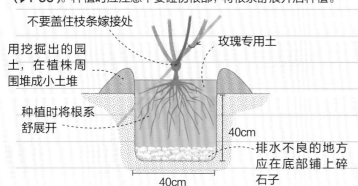

不要盖住枝条嫁接处

用挖掘出的园土，在植株周围堆成小土堆

玫瑰专用土

种植时将根系舒展开

40cm

排水不良的地方应在底部铺上碎石子

40cm

10·11月的养护

浇水
- 土壤干燥时充分浇水。
- 土壤未完全干燥时几乎不需要浇水。

追肥
- 根据生长情况施加液体肥料。
- 不需要。

病虫害对策
- 注意棉铃虫的虫害。一旦发现黑斑病和白粉病时应立即喷洒药剂。

其他
- 大苗的种植（▶P55）、应对台风的对策（▶P47）。

95

12·1·2月 牵引玫瑰的长枝条

12月至来年1月中旬是牵引藤本玫瑰的最佳时期。尽早牵引藤本玫瑰伸展的长枝条，不仅能令花园显得明亮整洁，也能让玫瑰在春季开出更多美丽的花朵。在脑海中想像花开的美好景象，一起来挑战藤本玫瑰最重要的牵引工作吧！

12·1·2月的藤本玫瑰

牵引

将枝条弯曲固定在篱笆或支柱上，调整株形。

弯曲后的枝条能开出更多的花朵

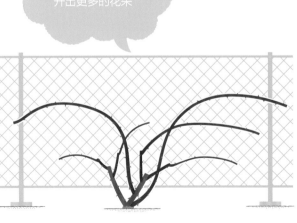

1月中旬前，将伸展开的长枝条尽可能地横向弯曲。

由于严寒，藤本玫瑰的枝叶变红，枝条的生长也停止了。植株基部的叶片开始掉落，但在进行弯曲枝条的工作前，仍然会有些残留的叶片在进行光合作用。理想的枝条牵引工作应尽可能在12月中旬进行，最迟要在1月中旬前完成。

12·1·2月的工作 　尽早完成枝条的弯曲牵引

STEP 1 将叶片全部抹除 ▶P98

STEP 2 决定枝条牵引的优先顺序 ▶P99

STEP 3 从粗壮、较长的枝条开始牵引 ▶P99

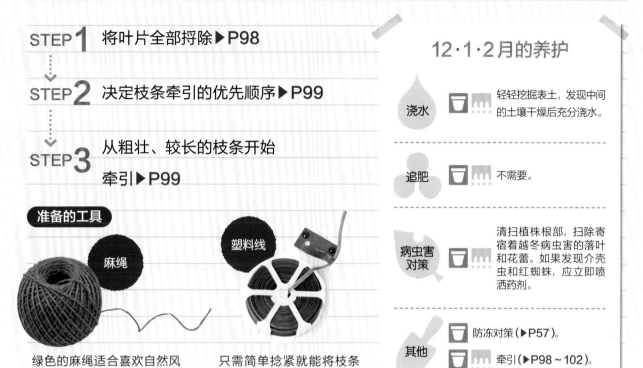

准备的工具

麻绳

塑料线

绿色的麻绳适合喜欢自然风格的人。

只需简单捻紧就能将枝条牵引固定，适合初学者和希望快速完成工作的人使用。

12·1·2月的养护

浇水		轻轻挖掘表土，发现中间的土壤干燥后充分浇水。
追肥		不需要。
病虫害对策		清扫植株根部，扫除寄宿着越冬病虫害的落叶和花蕾。如果发现介壳虫和红蜘蛛，应立即喷洒药剂。
其他		防冻对策（▶P57）。牵引（▶P98~102）。

Point

尽早进行牵引的"好处"

牵引工作最好在12月中旬进行，最迟要在1月中旬前完成，否则寒冷会使枝条变得坚硬，牵引时很容易折断。此外，尽早弯曲枝条的话，也能令玫瑰更早结出花苞，将养分集中在花芽上，在春季就能开出大量的花朵。

如果等到2月中旬玫瑰开始抽芽后再牵引，在工作的过程中很可能会折断花芽，因此牵引不可太迟进行。

3个"好处"

❶ 枝条容易弯曲

在寒冷令枝条变得坚硬前进行牵引，枝条不容易折断。

❷ 芽点变得饱满

尽早弯曲，让向上的芽点能受到更多的光照变得饱满。

❸ 不会碰伤花芽

如果在抽芽前进行牵引，就不用担心在牵引过程中碰伤花芽了。

STEP **1** 将叶片全部抒除

> 在抽芽前一口气将所有叶片抒除

戴上园艺专用的皮质手套，左手握住枝条，右手一口气向下抒除所有的叶片。

开始牵引前，要先将枝条上的所有叶片抒除。摘除叶片后就能看清楚整个植株的样子，令牵引变得简单。12月时，芽点还未膨胀起来，这时佩戴皮质手套，可以一口气将一整根枝条上的所有叶片都抒除。随后，由于寒冷和光照不足，枝条下部开始休眠，来年春季一起萌发新芽，开出大量的花朵。

Point

为什么枝条弯曲后能开出大量的花朵？

藤本玫瑰与直立型玫瑰相比，枝条生长更迅速，特别是健康的枝条，能够不停地向上竖直生长。玫瑰在枝条上部开花，如果放任枝条生长，会导致花量少。相反，如果横向弯曲枝条，花芽会全部向上，在来年春季会发出大量的花芽和花朵。

自然的状态
伸展的长枝条向上竖立。

> 枝条乱长，开花稀少

✗ 没有弯曲牵引的藤本玫瑰

只有枝条上部开花，花量减少。枝条乱长，开花位置高，不便于观赏。

○ 牵引后的藤本玫瑰

> 开出大量美丽的花朵

水平地牵引枝条可以增加花芽数量，也便于开花时赏花。

STEP 2 决定枝条牵引的优先顺序

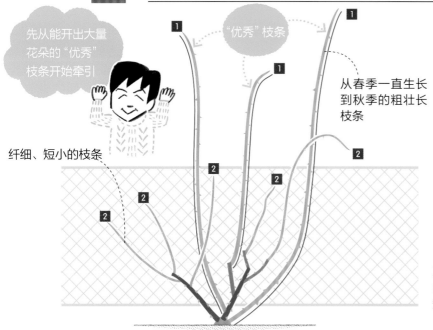

先从能开出大量花朵的"优秀"枝条开始牵引

"优秀"枝条

从春季一直生长到秋季的粗壮长枝条

纤细、短小的枝条

将除叶片后就能看清植株的整体株形，便于根据枝条的生长状态来决定弯曲的顺序。粗壮的长枝条能开出大量的花朵，是"优秀"的开花枝。纤细、短小和老枝则几乎不会开花。在希望开花的地方优先弯曲粗壮的长枝条就能开出美丽的花朵。

决定枝条牵引的优先顺序。粗壮的长枝条**1**为第一优先，纤细、短小的枝条**2**为第二顺序。

STEP 3 从粗壮、较长的枝条开始牵引

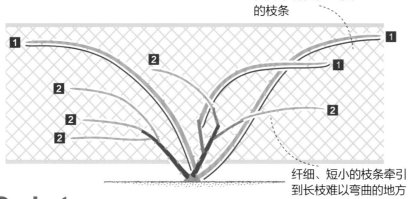

优先牵引粗壮、较长的枝条

纤细、短小的枝条牵引到长枝难以弯曲的地方

根据枝条的生长情况按顺序将枝条牵引到希望开花的地方。在枝条数量不足的情况下，可以使用纤细的短枝和老枝条来填补间隙。在篱笆等需要固定枝条的地方，可以用塑料绳（▶P97）或麻绳来固定。

Point
枝条的间距

枝条的间距需要根据花朵的大小和枝条的粗细来调整。间隙过小的话，会导致新芽光照不足。4月，玫瑰需要足够的阳光来促进花芽生长，只有饱满的花芽才能开出美丽的花朵。

大花型和粗壮的枝条保留一个手掌宽的间隔 Ⓐ，这样枝条就不会重叠，影响开花。

中花型、小花型和中等粗细的枝条不需要太多的生长空间 Ⓑ，只需保留一个拳头的间隔即可。

长藤苗的种植和牵引

伸展开枝条的长藤苗（▶P4）全年都可以买到。如果在12月至来年1月购买的话，可以同时进行种植和牵引的工作。

> 这里教大家如何在小场地进行牵引

🪴 盆栽时

种植的方法和盆栽的直立型玫瑰一样（▶P63）。种植后，将枝条牵引到支柱或花架上，应使用两根支柱来牵引形成紧凑的平面。

1 将种植在花盆里的长藤苗的叶片全部摘除。

2 在花盆中插入两根支柱并将顶部固定在一起。先将一根枝条盘绕牵引在支柱上。

3 枝条与枝条之间保持拳头大小的间隔，相互交错地盘绕到支柱上。将无法盘绕到支柱上的部分修剪掉。

4 将枝条全部牵引后会有枝条从支柱的外侧伸出。尽可能地弯曲枝条才能开出大量的花朵。

Point

稍微向后倾斜能受到更多的光照

不要将支柱笔直地竖立，而是应该稍微向后倾斜。这样，植株才能尽可能地接受到光照。

光

太阳能光板式

🏡 地栽时

可以将地栽的玫瑰枝条牵引到篱笆、拱门和花架上。枝条之间保持一个拳头大小的间隔即可。

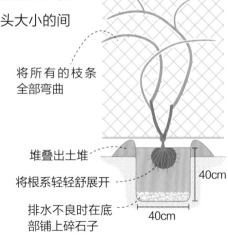

将所有的枝条全部弯曲

堆叠出土堆

将根系轻轻舒展开

排水不良时在底部铺上碎石子

40cm

40cm

更高级的牵引技巧

这里教大家漂亮的小山内式牵引方法

藤本玫瑰的牵引方法和布置圣诞树上的照明灯一样。根据不同的布置方法和开花场所搭配不同的枝条弯曲牵引方法，就能促进藤本玫瑰开出好花。熟悉之后，就能挑战更高级的牵引技巧了。

① 用花朵和建筑物来构造景观

先从粗壮而长的枝条 ❶ 开始弯曲

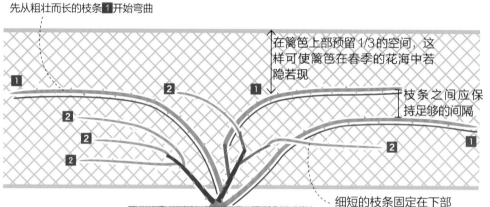

在篱笆上部预留1/3的空间，这样可使篱笆在春季的花海中若隐若现

枝条之间应保持足够的间隔

细短的枝条固定在下部

如果除了观赏花朵之外，还想观赏篱笆、栅栏，就不要让枝条将其全部覆盖，应预留一定的空间。相反，如果不想看到篱笆，可以将其用玫瑰覆盖起来。

Point

从侧面看的形状

在将玫瑰牵引固定到篱笆、栅栏上时，为了让每根枝条都能接受到均匀的光照，应将枝条像太阳能光板（从侧面看）一样倾斜地牵引。枝条凹凸不平会产生阴影，造成开花不整齐。

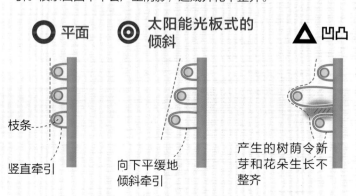

〇 平面

枝条

竖直牵引

◎ 太阳能光板式的倾斜

向下平缓地倾斜牵引

△ 凹凸

产生的树荫令新芽和花朵生长不整齐

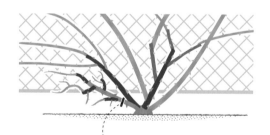

剩下的老枝条从根部全部修剪掉

将生长不良的枝条从根部修剪掉。枝条重叠时，空间变得狭小无法进行牵引，光照和通风也会变差，导致植株无法开花。去除老枝条后，就更容易长出"优秀"的枝条。

更高级的牵引技巧

❷ 让玫瑰从花架的顶部向下开花

Point

从远处看

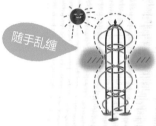

▲ 葫芦形

随手乱缠

由于中间部分无法接受到光照，所以会出现植株开花不整齐的情况。

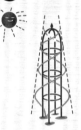

◉ 阳伞形

将枝条向下方平缓地倾斜牵引，使所有枝条能均匀地接受光照。

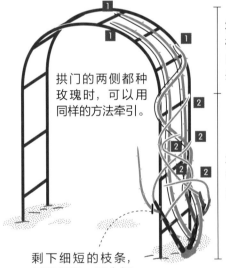

上端

将粗壮、较长的枝条**1**牵引到花架的顶端。

中下端

纤细、短小的枝条**2**固定在中下段部分。

从左右两侧分别将枝条倾斜地缠绕在花架上。

在塔形花架上，先将粗壮、较长的枝条盘绕到花架顶端，中下端则用细短、不会开花的枝条盘绕，这样藤本玫瑰就能自上而下均匀地开出花朵。

❸ 用花墙来装饰拱门和凉棚

Point

不小心折断了枝条怎么办？

只是轻微损伤枝条的话没有大碍。如果发生严重损伤枝条的情况，可以用一次性筷子和塑料胶带固定枝条。除了寒冷地区，枝条轻微的损伤是不用担心的。

拱门的两侧都种玫瑰时，可以用同样的方法牵引。

剩下细短的枝条，只需保留一两个红色的芽点，其他的部分全部修剪掉。

将粗壮、较长的枝条**1**（不用弯曲）直接牵引到头顶。

将细短的枝条**2**弯曲牵引到花架的中下段部分。

由于拱门的横向距离很小，因此要改变粗壮、较长枝条的牵引方法。将粗壮、较长的枝条笔直地牵引到拱门的顶部，细短的枝条则盘绕在侧面，这样拱门和凉棚就能开满花朵。

呵护柔弱的嫩芽

3·4月

3·4月的藤本玫瑰

要注意花芽的病虫害

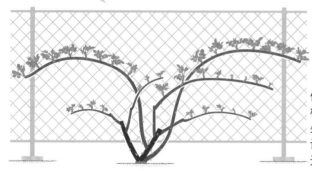

伸展出新芽的顶梢会最先开出花朵。这个时期，让花芽充分接受光照十分关键。

这个时节，小小的花芽日渐饱满，最后随着气温的上升一齐抽芽。嫩芽一个一个有节奏地冒出来，叶片开始大量生长，在樱花盛开的时候，已经能够看到新长出的枝条顶部结出花蕾了。一季开花的藤本玫瑰马上就要迎来一年一度的繁花盛典了。不用着急动手，静静期盼花朵的盛开吧。

3·4月的主要工作

翻土、除草和追肥

土壤表面变得坚硬时，就需要翻土以改善排水和植株根部的透气性，并铲除周围的野草（除草）。为了促进植株长出新芽，可以在植株的周围放置适量的固体肥料并用土轻轻拌匀。

追肥
在新添加的培养土上放置两三堆肥料，轻轻拌匀后充分浇水。

翻土
盆栽时，疏松花盆表面0.5~1cm厚的土壤，去除老根系、肥料和土壤。

3·4月的养护

浇水
- 轻轻挖掘土壤表面，发现干燥后充分浇水。
- 下雨时几乎不用浇水。

追肥
- 3月，在植株的周围放置固体肥料，与土壤轻轻拌匀。4月，根据植株的生长状态施加液肥。

病虫害对策（需要强化的月份）
- 开始爆发蚜虫和白粉病。为了防止病虫害蔓延，应尽早喷洒药剂。

其他
- 防冻对策（▶P57）。
- 除草、翻土（▶P26~27）。疏芽（▶P75）。

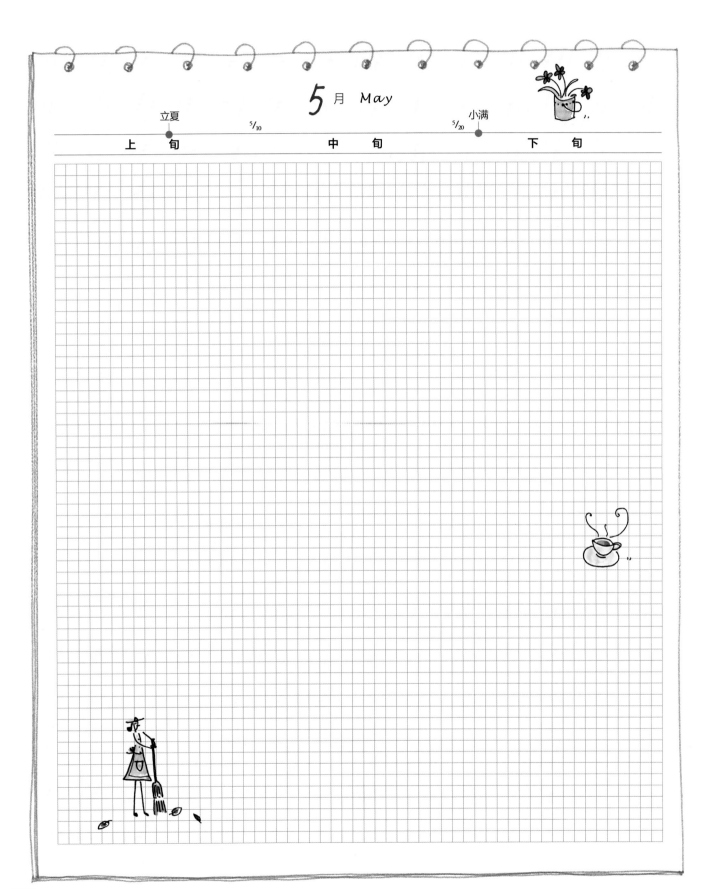

5 月 *May*

立夏 $^5/_{10}$ 小满 $^5/_{20}$

上　旬　　　　中　旬　　　　下　旬

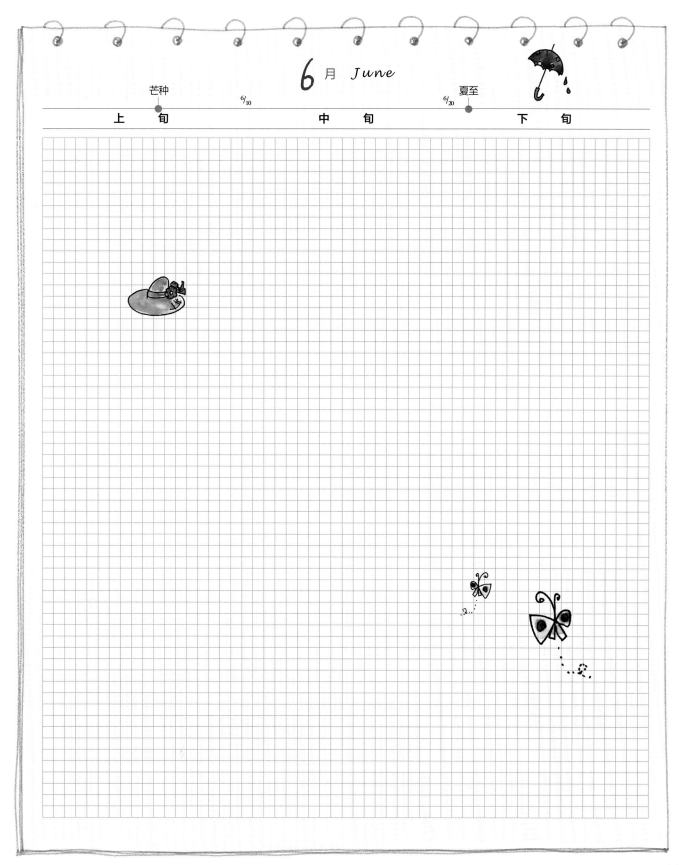

6月 *June*

芒种　　　　　　　　　　　　　　　　　　　　　夏至
6/10　　　　　　　　　　　　　　　　　　6/20

上　旬　　　　　　　中　旬　　　　　　　下　旬

7 月 _July_

小暑　　　7/10　　　　　　　　　　　7/20　　大暑

上　旬　　　　　　中　旬　　　　　　下　旬

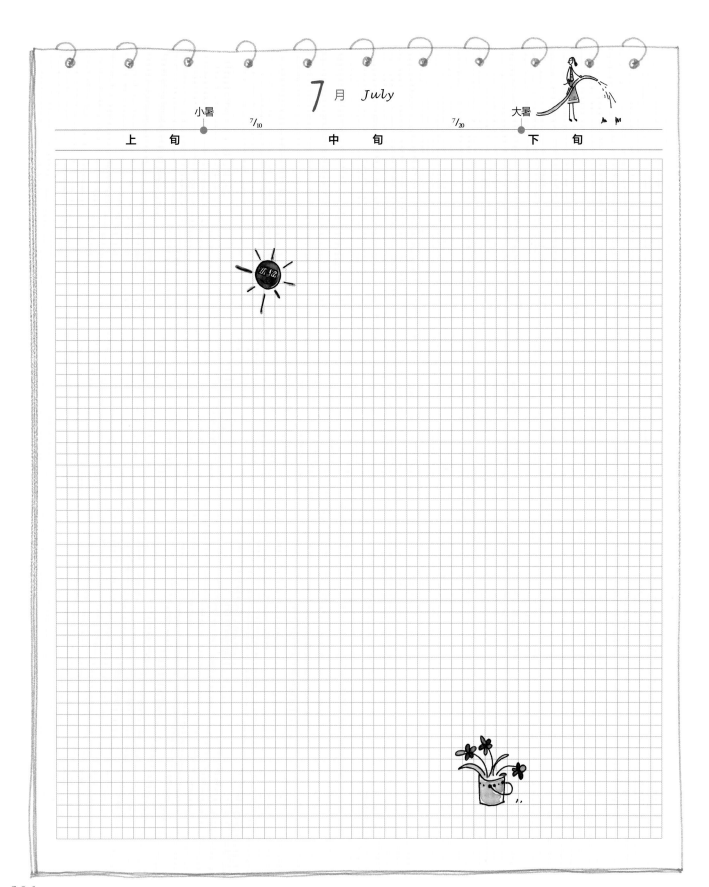

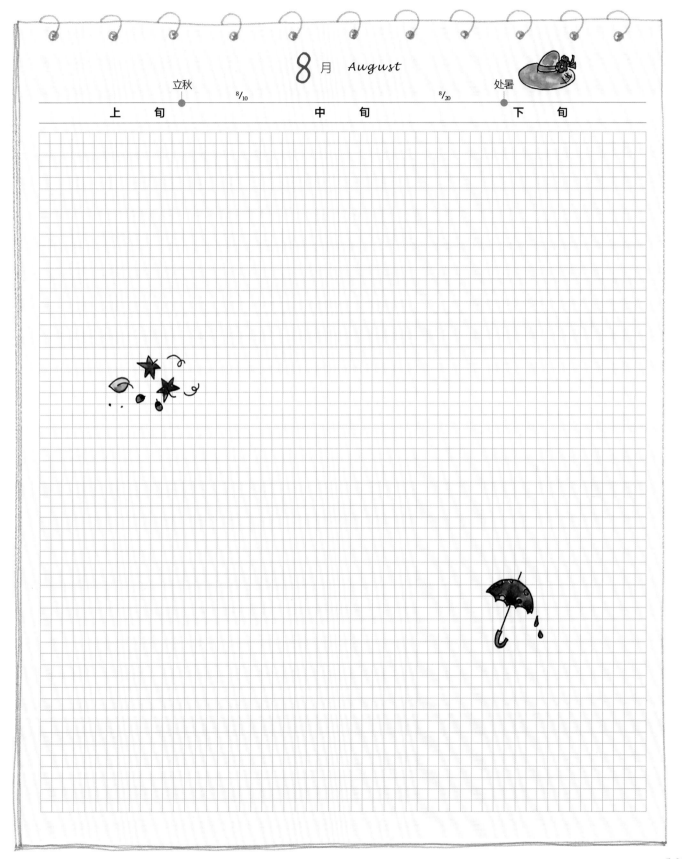

8 月 *August*

立秋

8/10

8/20

处暑

| 上　旬 | 中　旬 | 下　旬 |

9 月 *September*

白露 ●9/10   秋分 ●9/20

上 旬   中 旬   下 旬

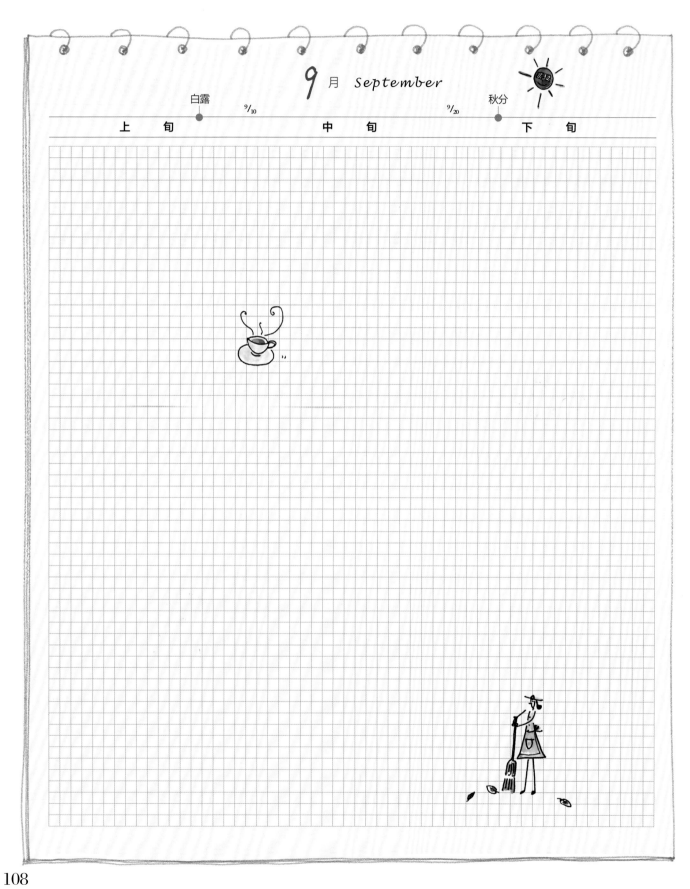

10月 *October*

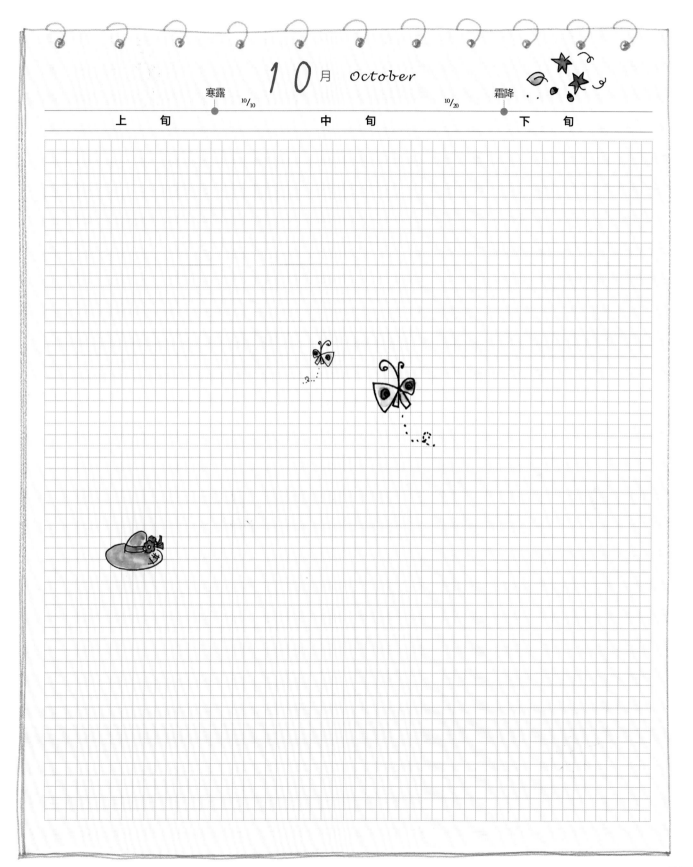

寒露 ¹⁰/₁₀   霜降 ¹⁰/₂₀

上　旬　　　　　　中　旬　　　　　　下　旬

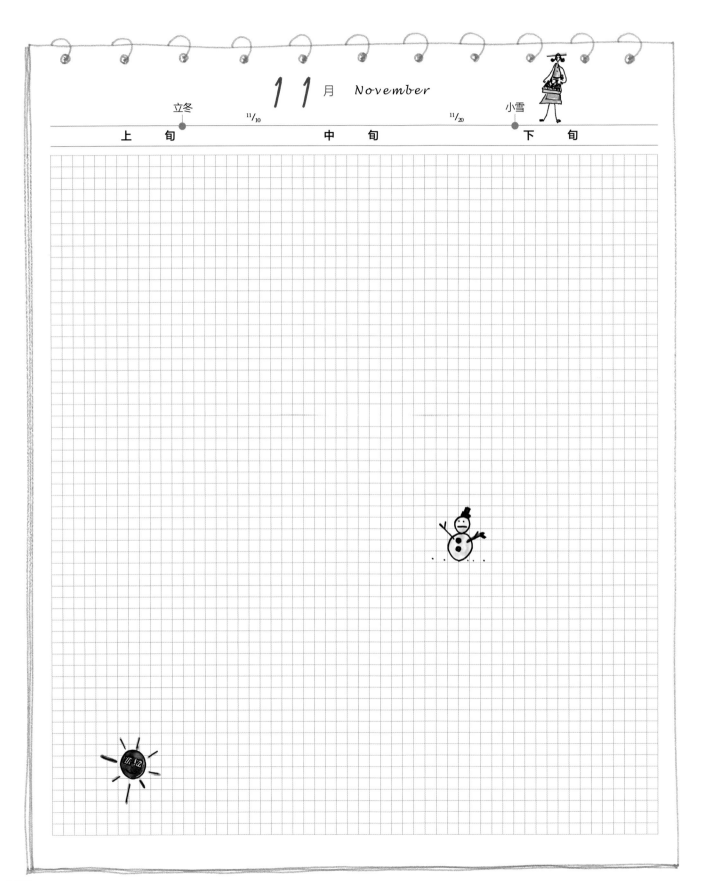

11月 *November*

立冬 $^{11}/_{10}$ 　　　　　$^{11}/_{20}$ 小雪

上　旬　　　　　**中　旬**　　　　　**下　旬**

12月 *December*

大雪　　　　　¹²/₁₀　　　　　　　　　　　　¹²/₂₀　　冬至

上　旬　　　　　　　　中　旬　　　　　　　　下　旬

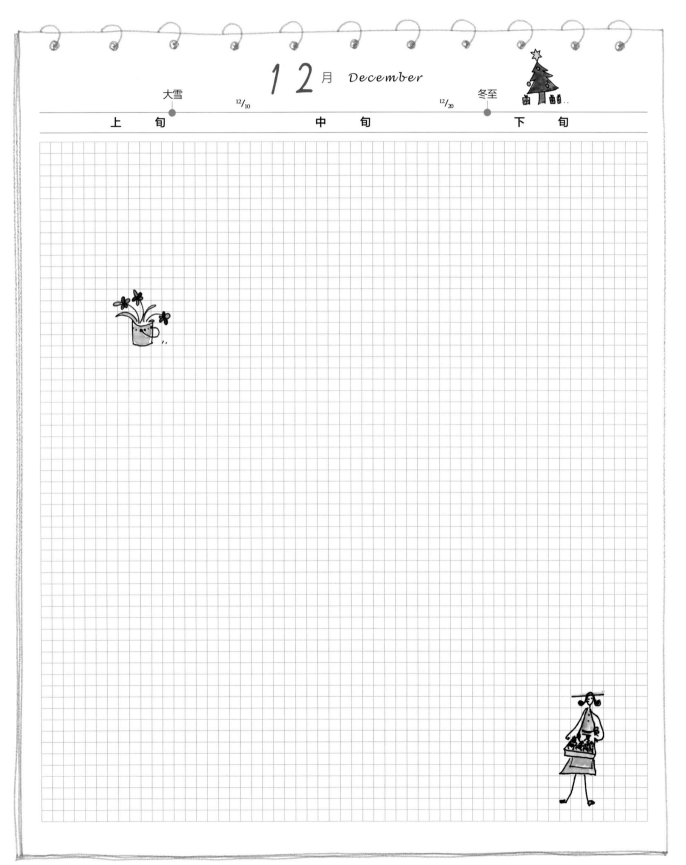

1月 *January*

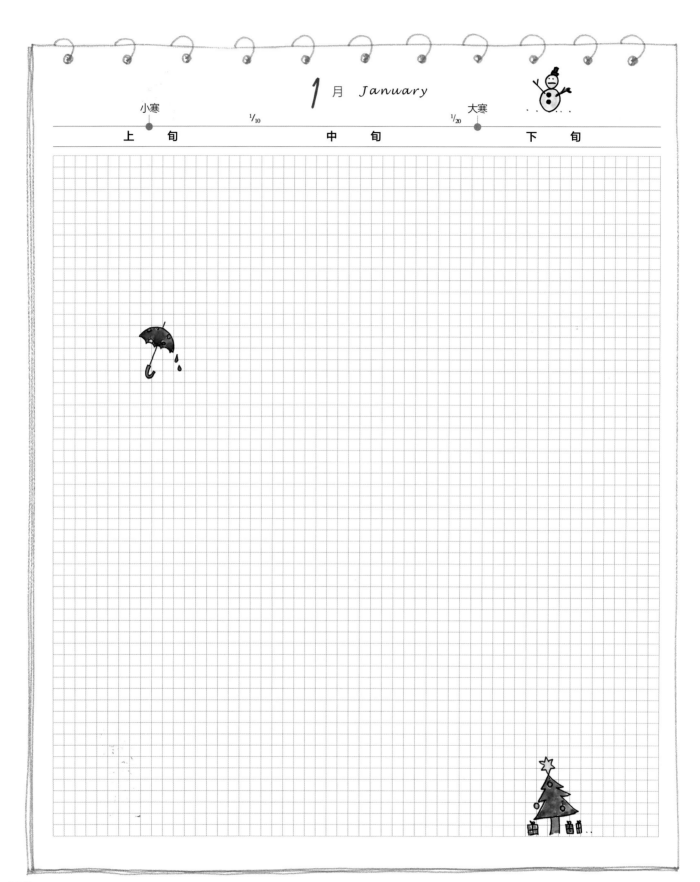

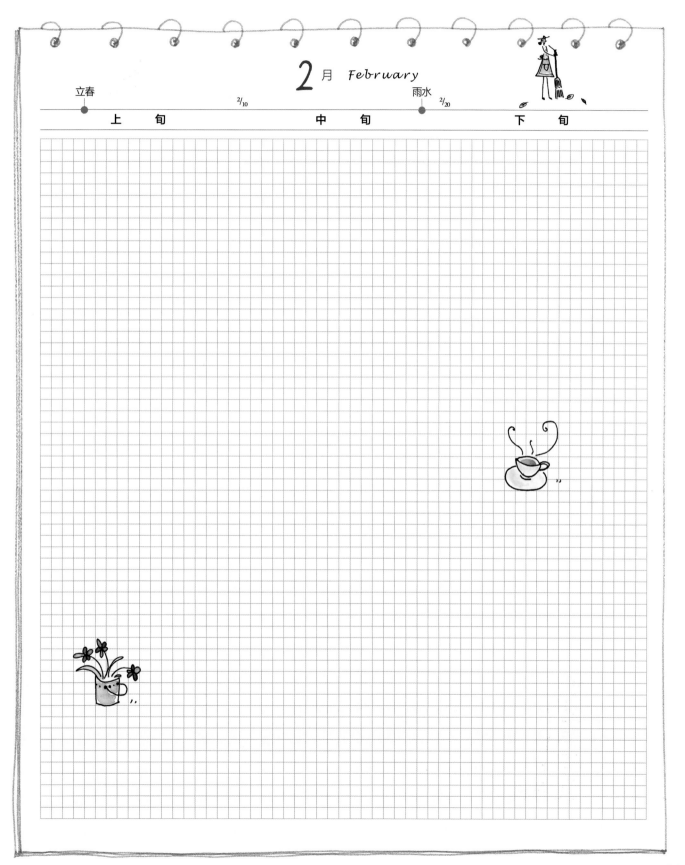

2 月 *February*

立春 ●　　　　　　　$^2/_{10}$　　　　　　　雨水 ●　$^2/_{20}$

上　　旬　　　　　　　　**中　　旬**　　　　　　　　**下　　旬**

3月 March

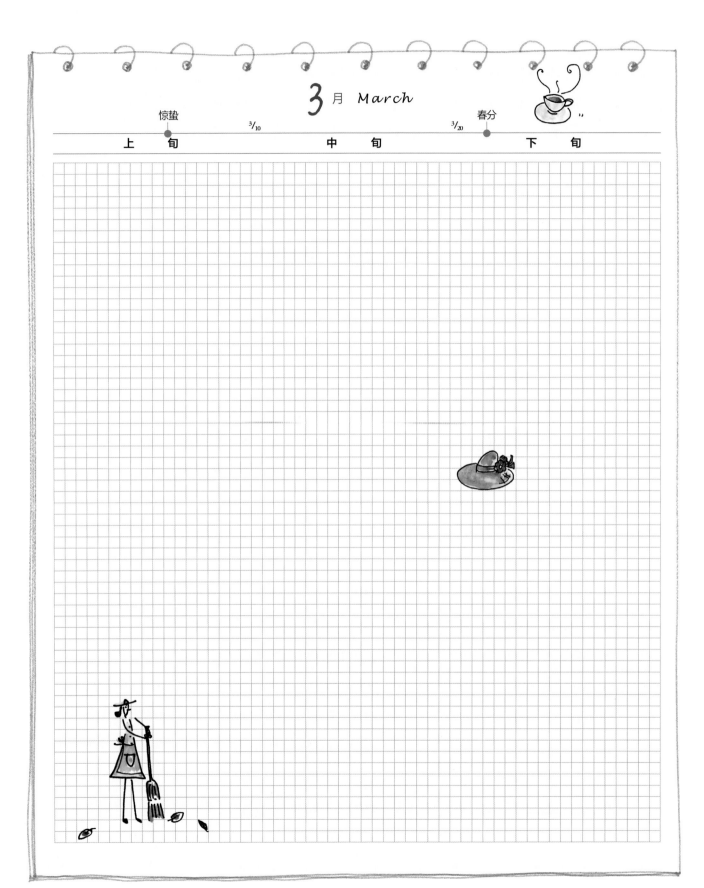

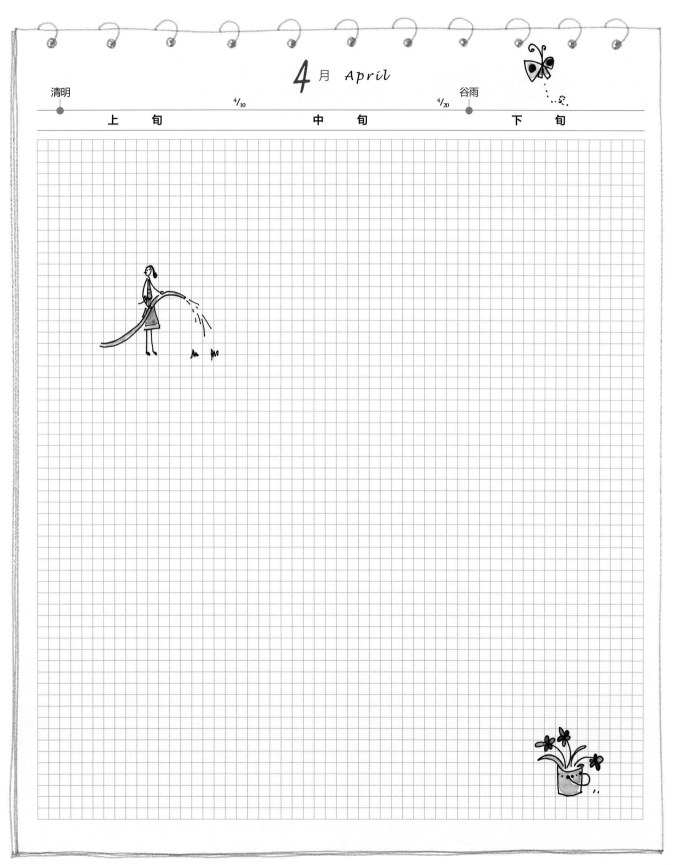

4 月 *April*

清明　　　　　　　　　　　　　　　　　　　　　　　谷雨
　　　　　　　　⁴/₁₀　　　　　　　　　　　　　　⁴/₂₀

上　旬　　　　　　　　　**中　旬**　　　　　　　　　**下　旬**

作者

小山内健

日本著名玫瑰月季栽培大师，在日本大阪的综合园艺公司从事玫瑰月季的育种、保存和栽培研究工作。擅长将玫瑰月季与环境进行搭配的栽培方法，在各种玫瑰月季讲座上大受欢迎。座右铭是"和玫瑰月季一起玩乐"。长期在NHK《趣味的园艺》中担任"12个月的玫瑰课"讲师。

摄影　伊藤善归　草间祐辅
绘图　曾根爱　常叶桃子

图书在版编目（CIP）数据

玫瑰月季栽培12月计划 / （日）小山内健著；陆蓓雯译 . —武汉：湖北科学技术出版社，2016.4（2023.7，重印）
ISBN 978-7-5352-8242-2

Ⅰ .①玫… Ⅱ .①小… ②陆… Ⅲ .①玫瑰花 – 观赏 – 园艺 Ⅳ .① S685.12

中国版本图书馆 CIP 数据核字（2015）第 223415 号

责任编辑　张丽婷
封面设计　胡　博
出版发行　湖北科学技术出版社
地　　址　武汉市雄楚大街 268 号
　　　　　（湖北出版文化城 B 座 13—14 层）
邮　　编　430070
电　　话　027-87679468
网　　址　http://www.hbstp.com.cn
印　　刷　武汉市金港彩印有限公司
邮　　编　430040
开　　本　889×1092　1/16　8 印张
版　　次　2016 年 4 月第 1 版
　　　　　2023 年 7 月第 10 次印刷
字　　数　180 千字
定　　价　48.00 元

（本书如有印装问题，可找本社市场部更换）

玫瑰栽培月历

这是能让人一目了然的直立型玫瑰和藤本玫瑰的生长周期表，也是最终版的玫瑰栽培月历。可以将本页撕下来贴在墙壁上，作为平时养护的参考。

作者/小山内健

我们的口号是轻松地让玫瑰满满盛开!

7	8	9	10	11	12	1	2	3	4
出梅后的夏季管理	越夏的对策 特别要注意盆栽玫瑰的情况	夏季修剪和追肥（四季开花型）	秋季玫瑰开始绽放	悠闲欣赏秋季玫瑰	藤本玫瑰的牵引	直立型玫瑰的冬季修剪		抽芽的季节	孕育花苞 玫瑰马上就要开花了

来年的5月 玫瑰会开爆

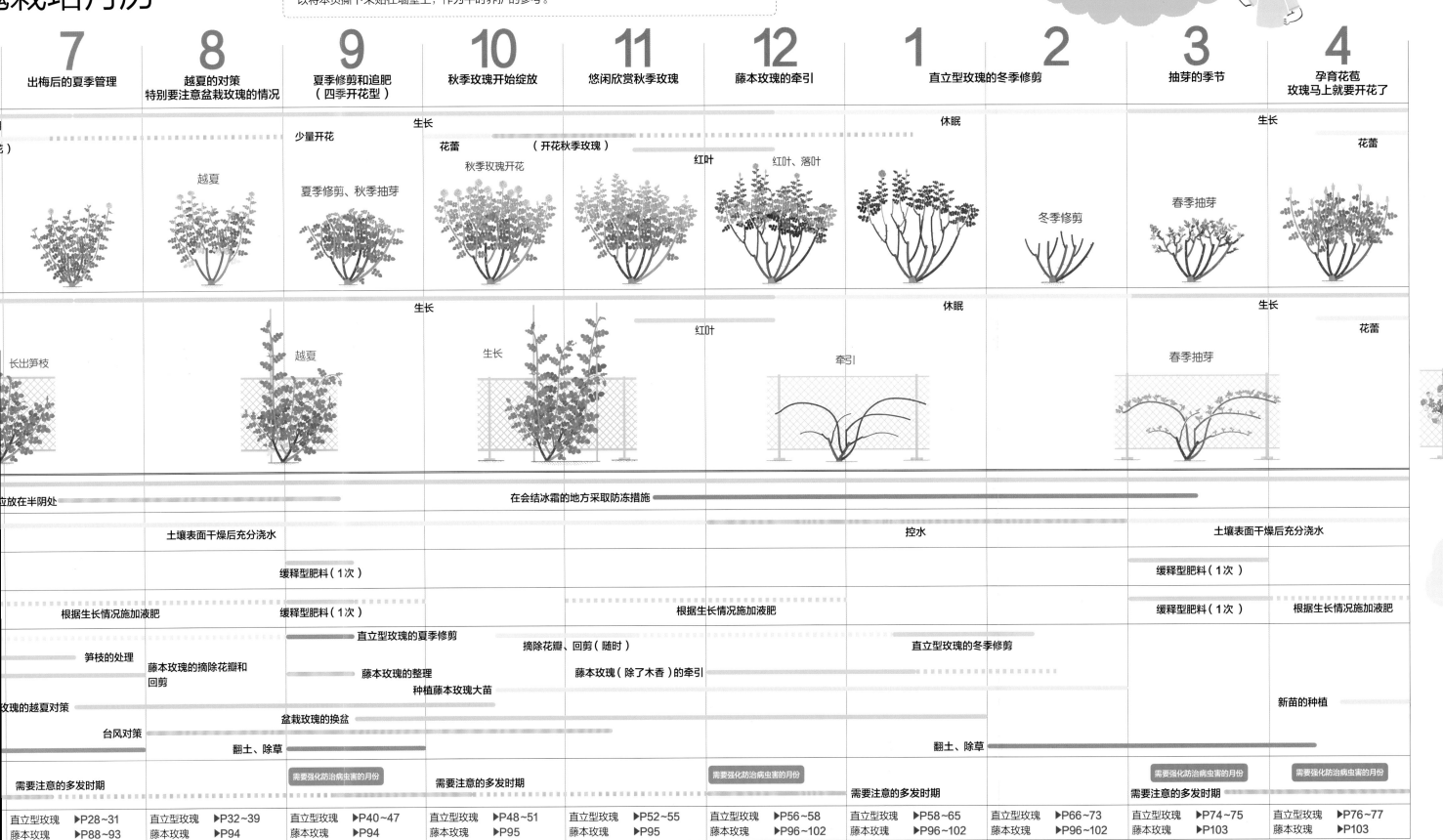

（直立型玫瑰相关）

生长　　休眠　　生长

少量开花　　花蕾　　（开花秋季玫瑰）　　红叶　　红叶、落叶　　花蕾

越夏　　夏季修剪、秋季抽芽　　秋季玫瑰开花　　冬季修剪　　春季抽芽

生长　　休眠　　生长

长出笋枝　　越夏　　生长　　红叶　　牵引　　花蕾　　春季抽芽

应放在半阴处

在会结冰霜的地方采取防冻措施

土壤表面干燥后充分浇水　　控水　　土壤表面干燥后充分浇水

缓释型肥料（1次）　　缓释型肥料（1次）

根据生长情况施加液肥　　缓释型肥料（1次）　　根据生长情况施加液肥　　缓释型肥料（1次）　　根据生长情况施加液肥

直立型玫瑰的夏季修剪　　摘除花瓣、回剪（随时）　　直立型玫瑰的冬季修剪

笋枝的处理　　藤本玫瑰的整理　　藤本玫瑰（除了木香）的牵引

藤本玫瑰的摘除花瓣和回剪　　种植藤本玫瑰大苗

玫瑰的越夏对策　　盆栽玫瑰的换盆　　新苗的种植

台风对策

翻土、除草　　翻土、除草

需要注意的多发时期　　需要强化防治病虫害的月份　　需要注意的多发时期　　需要强化防治病虫害的月份　　需要注意的多发时期　　需要注意的多发时期　　需要强化防治病虫害的月份　　需要强化防治病虫害的月份

四季开花的直立型玫瑰

正确进行夏季和冬季修剪，玫瑰才能更好地长出能开出许多花朵的枝条。

藤本玫瑰

在冬季认真地牵引健康的新枝条就能开出大量美丽的花朵。

如果做好一整年的玫瑰养护，从来年5月开始玫瑰就会用大量的花朵来回报你哦!

主要的**虫害**和对应措施

这里介绍玫瑰容易发生的主要虫害和防治措施。根据幼虫和成虫的发生时期和部位，采取不同的防治措施。

预防是最重要的。如果发生虫害应尽早采取措施，避免植株变弱。

主要的**病害**和对应措施

蚜虫 4-11月

初春时，集体寄生聚集在新芽、花蕾和嫩叶等上吸取汁液，是病毒传播的媒介，其排泄物是煤烟病的病源。
➡应在早期捕杀或喷洒药剂。

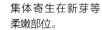

集体寄生在新芽等柔嫩部位。

天牛 6-8月

成虫会啃食新枝条的表皮，并在植株根部产卵。幼虫会啃食枝条内部，寄生在根部半木质化的枝条内。
➡捕杀成虫；在植株根部的孔中用针伸入刺死幼虫。

啃食新枝条的成虫。
Y.Uezumi

枝干中的幼虫。

被成虫从中间啃食后枯萎的枝条。

棉铃虫 9-10月

幼虫会在花蕾侧面打孔，头部伸入内部啃食花蕾。
➡在花蕾的顶部寻找细小的白色或黑色虫卵并摁死；待幼虫爬出后直接捕杀。

JBP

幼虫。

象鼻虫 5-6月

在啃食新芽和花蕾时产卵，导致新芽和花蕾顶端枯萎。喜欢啃食紫薇和玫瑰。
➡在枯萎掉落或不会开花的花蕾中寻找幼虫并捕杀。

Y.Kusama
成虫。

寄生在枯萎花蕾中的幼虫。

被吸取汁液后枯萎的花蕾。

白粉病 4-6月，9-10月

空气湿度较高时，花蕾、花萼和嫩叶上容易产生白粉末）。
➡保持环境干燥，不要过度潮湿；剪掉感病的部位并对整棵植株喷洒药剂。

在花柄处的白色粉末（病原菌）。

刺蛾 7-10月

主要在高温、干燥的夏秋季发生。啃食变硬的叶片。绒毛有毒。
➡喷洒药剂驱除集体聚集在叶片上的幼虫。

H.Nemoto

在玫瑰的茎处结茧。

幼虫的绒毛有毒，不要触碰。
H.Nemoto

金龟子 5-9月（成虫），8-11月（幼虫）

成虫会啃食花朵内部和叶片；幼虫则会啃食根系导致植株长势变弱。
➡用专用的捕杀器捕杀成虫；浅挖捕杀幼虫（▶P47）。

JBP-H.Imai
寄宿在土壤中啃食根系的幼虫。

啃食花朵的成虫。

茎蜂 4-11月

成虫在枝条内产卵，孵化后的幼虫啃食叶片。
➡可以在成虫产卵或幼虫聚集在叶片时捕杀，发现枝条中有虫卵或伤口时，应剪除枝条并喷洒药剂。

产卵中的成虫。
JBP-H.Imai

聚集在叶片上啃食的幼虫。

枝条伤口中的虫卵。

玫瑰巾夜蛾 6-10月

略带灰色的幼虫会啃食嫩叶的顶部，较大的幼虫白天在植株根部休息。以幼虫的状态过冬。
➡一旦发现立即捕杀；喷洒药剂。

JBP

幼虫。

黑斑病 6-9月

多发生在雨水较多的时期。病原菌在植株幼嫩时期冬季在枝条、嫩芽和落叶等中休眠，叶片成熟时感病叶片会出现黑斑，变黄后掉落。
➡通过在土壤上铺盖地膜来预防；病情较轻时只需摘除病叶和落叶，病情严重时应喷洒药剂。

叶片上出现黑色病斑。

介壳虫 全年

多发生在通风不良和光照不足的地点。集体寄生在枝条上吸取汁液。
➡用旧牙刷等刷落枝条上的虫子；喷洒药剂。
Y.Kusama

幼虫会在植株基部的枝条上过冬。种植和修剪后应确认是否有虫害。

寄生在枝条上的成虫和幼虫。

蓟马 5-10月

1~2mm长的虫子会潜入花蕾和叶片吸取汁液。花蕾被吸取汁液后，很难开花，受损叶片内侧会卷曲呈圆形。一朵花中可能潜伏着数百只蓟马。有的种类只危害叶片。
➡摘除受害的花蕾和叶片；喷洒药剂。

被吸取汁液的花蕾。

被吸取汁液后卷曲的叶片。

红蜘蛛 5-11月

多发生于高温、多湿的时期。繁殖力强，从叶片反面吸取汁液，阻碍光合作用并导致落叶。
➡不喜水，在叶片反面喷水可预防；一旦发现被感染的叶片应立即摘除并喷洒药剂。

被吸取汁液的叶片呈黄色。

地老虎 4-11月

地老虎的幼虫。主要啃食叶片、花蕾和花朵等柔嫩的部分。
➡一旦发现立即捕杀；喷洒药剂。

寄生在叶片上的幼虫。
H.Nemoto

及时摘除病叶和落叶，防止病情蔓延。

减少病虫害发生的诀窍

❶ 保持干燥的生长环境

被称为玫瑰三大疾病的白粉病、黑斑病和灰霉病，可以通过控制土壤中的水分来预防病情发生。保持生长环境干燥就能减少虫害的发生，减少传播病菌的媒介。地栽的玫瑰仅在不下雨时浇水，盆栽的玫瑰则应等土壤完全干燥后再充分浇水，注意应使用带喷头的水管。

湿润的环境容易产生病虫害

❷ 及时防治是关键

如同在发烧初期及时吃药就能及早恢复一样的道理，在植株感病的初期适当喷洒药剂，就能大幅度减少喷洒次数和用量。特别在病虫害高发的3、4、6、9、12月，应留心观察以便及早地发现病情。

药剂的稀释和喷洒方法

用水稀释规定剂量的药剂，用小型喷雾器喷洒。

注意风向

1 在小型喷雾器中放入药剂，将药剂溶解于水中。

2 用棒子充分搅拌。

3 喷洒在发生病虫害的部位。

推荐适合玫瑰使用的药剂

● **杀虫剂**

呋虫胺水溶剂
对蚜虫类、金龟子类和潜叶蛾等虫害有特效。水溶性的颗粒药剂。

● **杀菌剂**

氟醚唑液体药剂
对玫瑰的白粉病和黑斑病有特效，用水稀释喷洒的液体药剂。具有渗透到叶片的特性，所以不用担心污染环境。

多菌灵水溶剂
对玫瑰的白粉病和黑斑病有特效，用水稀释喷洒的液体药剂。具有渗透的作用，可以起到预防和治疗作用。

● **杀**